Vue.js

入門到實戰

頁面開發×元件管理×多語系網站開發

目錄

chapter
10 多語系網站

appendix
A 開發環境環境建置

appendix
B JavaScript 套件管理

▼ 範例下載

本書範例請至碁峰網站
http://books.gotop.com.tw/download/AEL025800 下載。其內容僅供
合法持有本書的讀者使用，未經授權不得抄襲、轉載或任意散佈。

Web 應用程式與 Vue.js 生命週期

01

1-1 Web 應用程式開發

隨著資訊網路技術的普，越來越多的資訊服務開始建構在 Web（World Wide Web，意「全球廣域網路」）上。當我們建構 Web 應用系統時，可分為：

- 前端：主要進行使用者介面的建構及視覺化處理。
- 後端：主要進行採集資訊及資料處理。

1-1-1　前端開發

Web 應用系統開發時，使用者將使用瀏覽器進行系統操作。目前常用的瀏覽器有 IE、Edge、Safari、Chrome、Firefix…等。當我們在瀏覽器上建構 Web 的應用時，透過撰寫 HTML 語法建構頁面，搭配 CSS 建立及管理 HTML 頁面中各 Element 樣式，此外，我們也可撰寫 Javascript 程式語言讓網頁中具備各類動態效果。

1-1-2　後端開發

　　後端開發人員主要進行資料的採集及資料處理,目前 Web 應用系統開發中,常見程式語言有:ASP.NET、JAVA、PHP…等。

1-1-3　何謂框架(Framework)

　　框架是為著提升應用程式開發的效率所提供的架構及規範。隨著資訊應用的普及,Web 應用系統的複雜度也隨之提升,其所需的開發人員也隨之增加。此時,開發團隊中的成員可能撰寫程式的邏輯、習慣不同,導致撰寫出來的系統難以維護。因此,開發人員需要有共同的規範,以確保當系統發展越大時,除了提升開發的速度外,也能降低系統維護複雜度。現在 Web 開發所使用的程式語言中,均有可用的框架,例:

- ◉ 前端
  - HTML/CSS:Bootstrap
  - Javascript:AngularJs、React.js、Vue.js
- ◉ 後端
  - PHP:CodeIgniter、Yii、Laravel、Symfony
  - Python:Django
  - Java:Spring MVC
  - ASP.NET:ASP.NET MVC Framework

　　本書探討的為前端 Javascript 程式開發,在上述 Javascript 所列舉出的框架中,目前以 AngularJs、Reject.js 及 Vue.js 為前端開發的三大框架。截至 2022 年 02 月份,各框架於 Github 上的星星數,Vue.js 為 193k;React.js 為 183k;AngularJS 為 59.5k,以 Vue.js 為最受歡迎的框架,且為本書所觀注的重點。

◉ Vue.js（Github 連結：https://github.com/vuejs/vue）

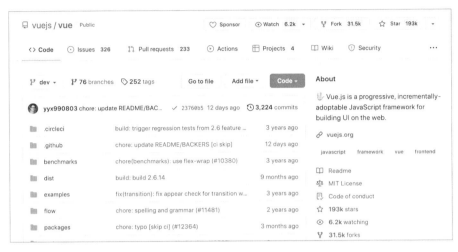

圖 1-1　Github Vue.js Repository

◉ React.js（Github 連結：https://github.com/facebook/react）

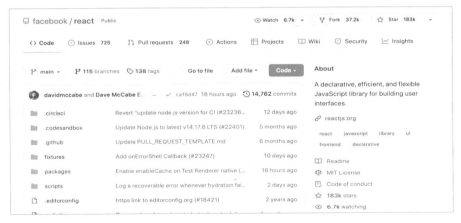

圖 1-2　Github React.js Repository

◉ AngularJS（Github 連結：https://github.com/angular/angular.js）

圖 1-3　Github Angular.js Repository

圖 1-4　Vue.js 官方網站

在 Web 前端開發三大框架中，為何要選擇學習 Vue.js 呢？首先，我們先來看 Vue.js 官方網站上的介紹的三大優點：

◉ **易用性**

只要具備 HTML、CSS 及 Javascript 的基礎知識，可以透過簡單的教學文件快速上手。

◉ **高效性**

前端網頁在傳統的開發上，常使用 Javascript 或 jQuery 進行 DOM 的操作。當網頁的元件或操作變為複雜時，容易有效能低落的情形。Vue.js 透過框架內的優化，提升網頁的執行效率。

◉ **豐富的生態體系**

隨著使用 Vue.js 的人越來越多，在 Vue.js 有著豐富的生態體系，讓開發人員能夠容易找著需要的套件，加速開發的效率。

除此之外，Vue.js 結合了 React.js 與 Angular.js 框架中的優點，它不僅具備了 React.js 的單一資料流的畫面渲染機制，同時，也具備了 Angular.js 的資料雙向綁定的畫面宣染機制。因此，對於原本為 React.js 或 Angular.js 的開發者來說，若想擁有另一個框架好處時，進入 Vue.js 的世界，無疑又是一大誘因。談到這裡，讀者可能不明白何謂「單向資料流」及「資料雙向綁定」。這二大特性，我們將於後面詳細介紹。

1-2 程式架構模式

在 Web 應用程式中，包含使用者的介面開發，以及應用程式中的資料及流程處理。使用者介面的呈現可以交由視覺設計師進行網頁視覺的設計，系統的資料及流程處理由程式設計師進行程式的撰寫。當我們學習 Vue.js 之前，我們須先了解框架為我們處理了什麼事情。先前我

們討論到框架具有規範,幫助開發人員能有相同的共識,以提升開發的
效率與可維護性。框架中所訂定的規範中,為了將前後端人員處理職責
作清楚的劃分,常以 MVC 架構為主。然而,因著 MVC 架構中仍然有
不足的部份,故近年來開始有了新的 MVVM、Flux 等概念的框架出現。
在本節中,將向讀者介相關的程式架構模式。

1-2-1　MVC

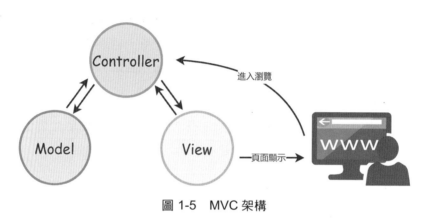

圖 1-5　MVC 架構

在 MVC 架構中,Web 應用程式可分為 Model(資料模型)、View
(視圖)及 Controller(控制器),這三者的簡稱即為 MVC,下面我們
來介紹這三者負責的部份。

◉ Model(資料模型)

資料模型的職責在於資料的管理,將 Web 應用程式中會使用到的
資料進行包裝、儲存,供系統內部程式使用,通常會搭配 MySQL、
Microsoft SQL Server 等資料庫軟體使用。

◉ View(視圖)

視圖主要專注於呈現給使用者的操作介面,在 Web 應用程式中,
主要為 HTML 樣板。當 HTML 樣板需要呈現動態資訊時,會由框

架提供的模板引擎，透過取得資料模型，顯示取得的資料，供使用者瀏覽。

◉ Controller（控制器）

控制器主要處理 Web 應用程式裡各項作業的流程。當使用者操作處於不同階段時，控制器定義使用者應看見 View（視圖）的頁面，並提取所需的資料給 View（視圖）呈現給使用者觀看。

綜合以上三個部份，如圖所示，當使用者進入 Web 應用程式進行瀏覽時，Controller（控制器）判斷使用者應看見的頁面，從 Model（資料模型）取得頁面所需的後，提供給 View（視圖）中的 HTML 樣板，呈現頁面供使用者瀏覽。這樣子的架構下的優缺點如下：

◉ 優點

• 職責分離

協助開發人員進行職責分離，不論開發人員負責 Model、View 或 Controller 的，都可專注在自己負責的部份。

• 可重用性

MVC 各自的部份透過職責分離，可將不同的部份拆解成數個元件進行開發，使各元件可重複利用。

• 提升擴充性及維護性

由於 MVC 各自獨立，開發人員可在不影響整體架構下，針對新需求進行擴充或修改。

◉ 缺點

• 效能降底

由於 MVC 的職責區分下，原本可直接連接資料庫的程式，變得須透過 Model 的程式進行連結，程式變得肥大，導致程式執行效能下降。

- **容易關聯複雜**

  Web 應用程式在 MVC 架構下,開發越來越龐大時,若沒有合適的規劃,會導致系統中各元件關聯及複雜度增加,導致系統在修復或追蹤問題時變得更為不易。

1-2-2　Flux – 單向資料流

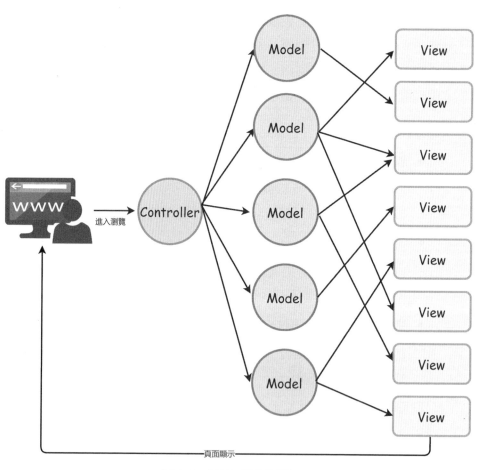

圖 1-6　MVC 框架問題

傳統的 Web 應用程式開發中，我們常以 MVC 架構進行開發。然而，在 MVC 架構下的專案，當專案變得越來越龐大時，由於未定義資料該如何流動進行畫面的渲染，如上圖所示，由於多個 Model 與 View 產生對應、多個 View 與 Model 產生對應，導致資料流向複雜，開發人員產生混亂。為了解決這樣開發的問題，Facebook 於 2014 年在一場大會中提出 Flux 的概念，以解決資料流凌亂的問題。

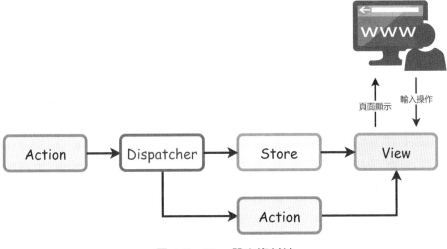

圖 1-7　Flux 單向資料流

如上圖所示，Flux 具有 View、Action、Dispatcher、Store 4 個部份，以下將作詳細的介紹：

- View

  View 的職責在於使用者介面及在介面中監聽使用者的各項操作

- Action

  Action 定義使用者於介面上操作動作的內容，及相關資料的操作

- Dispatcher

  Dispatcher 為 Flux 架構中事件的系統，它讓 Store 註冊 callback 及廣播事件，並接收 Action 來的使用者操作事件

- Store

  Store 是唯一可以操作資料與儲存資料的地方，它向 Dispatcher 註冊 callback，並接收由 Dispatcher 監聽觸發的事件，進行資料的更新

綜合上述各個部份，當使用者進入系統的頁面時，Store 會準備系統頁面需要的資料，並向 Dispatcher 註冊 callback，並將準備的資料交給 View 中的元件，由 View 進行頁面的渲染。此時，使用者將看見由 View 渲染出的介面。當使用者於介面中操作時，它會產生 Action 事件，由 Action 進行處理，並由 Dispatcher 進行事件推送。當事件推送至 Store 時，Store 會依據 Action 的判斷，更新或維持現有的資料。在 Store 中資料更新時，它便會通知有綁定關係的 View 元件進行資料更新，並重新渲染。

1-2-3　MVVM – 資料雙向綁定

圖 1-8　MVVM 架構

MVC 架構下，由於 Controller 的關係，隨著系統的擴充，程式碼會變得更加肥大。為了克服這樣的情形有了 MVVM 的概念。這個架構下，可分為 View、ViewModel 及 Model 三個部份。

⦿ View

與 MVC 中 View 相同，View 定義了使用者介面。除此之外，View 還會進行與 Model 的資料綁定。

⦿ Model

與 MVC 中的 Model 相同，Model 定義了在系統中的資料模型及處理各頁面的商業邏輯。

⦿ ViewModel

主要作為 View 與 Model 的橋梁，當 View 操作產生事件時，ViewModel 會操作 Model 處理資料；當 Model 的資料發生資料變化時，會通知 View 重新渲染頁面。

綜合來看 MVVM 架構，開發人員僅須專注在 View 的樣板建構、資料綁定及 Model 的資料包裝、商業邏輯處理定義，其餘的事情便可由 ViewModel 進行自動更新及重新渲染，使程式更為精簡。

1-3 Vue.js 特性及基礎使用

目前前端的三大框架使用的框架概念均有各自的偏好。Angular.js 框架引用 MVVM 的架構開發；React.js 引用 Flux 架構開發。Vue.js 則是集結 Angular.js 及 React.js 的好處，將 Flux 的單向資料流特性及 MVVM 的資料雙向綁定特性結合。由於 Vue.js 相較於 React.js 及 Angular.js 框架，較容易上手，加上 Laravel 框架作者 Taylor Otwell 的推廣，Vue.js 越來越普及，在 Github 上成為最受歡迎的前端框架。

1-3-1　Vue.js 特性

當我們要開始撰寫 Vue.js 程式之前，須先了解 Vue.js 具備「單向資料流」及「資料雙向綁定」的特性。

◉ 單向資料流

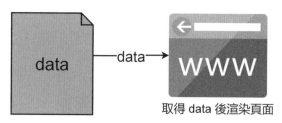

取得 data 後渲染頁面

圖 1-9　單向資料流

單向資料流作為顯示資料用，如上圖所示，在單向資料流中，網頁只會根據資料進行資料的渲染。當來源資料更新時，頁面會重新渲染顯示新的資料。

◉ 資料雙向綁定

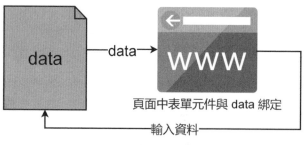

頁面中表單元件與 data 綁定

輸入資料

圖 1-10　資料雙向綁定

在系統中的操作頁面中，當頁面需要與使用者互動，須建置表單供使用者輸入時，網頁中須設置文字方塊（input）、選單（select）…等表單元件。此時，各元件須將表單元件進行「資料雙向綁定」。如圖所示，表單元件須與資料（data）進行雙向綁定後，資料（data）

會送資料給表單元件，當使用者在表單元件中輸入或修改時，使用者所輸入或修改的值便會更新至 data。

1-3-2 安裝 Vue.js

了解這麼多概念之後，我們終於可以開始準備撰寫 Vue.js 的程式了。本書撰寫之內容以 Vue.js 最新版本 3.x 為主，並以兼容於 2.x 的語法介紹為主軸，當有版本 3.x 與 2.x 的語法差異時，將特別提出介紹。若有機會使用版本 2.x 開發時，仍可快速上手。Vue.js 2.x 的語法與特性絕大部份可相容於 Vue.js 3.x，其最大的差異在於：

◉ Vue.js 3.x 不再支援 IE 11

由於微軟的 IE 11 在全球的使用率已降至 1%以下，且 Vue.js 3.x 利用了 ES2015 代理提升了程式執行效能，故在 Vue.js 3.x 中是無法支援 IE 11。若專案中須支援 IE 11，讀者須使用 Vue.js 2.x 進行開發

◉ Vue.js 3.x 新增了 Composition API

Composition API 是 Vue.js 3.x 的一大特色，它提供了另一種程式碼的撰寫方式，使開發者能透過這個架構方式，讓功能相關的程式碼更為集中好維護。

當我們要使用 Vue.js 框架時，我們需要引入 Vue.js 框架的 Javascript 檔至 HTML。Vue.js 框架的 Javascript 檔可分為有壓縮版（vue.min.js）及沒壓縮版（vue.js）。當我們在開發時，由於需要隨時看錯誤訊息，故引入主程式時，以未壓縮版本的 vue.js 為主。當我們發佈至正式環境時，需要讓使用者快速下載，故以壓縮版本的 vue.min.js 為主。引入的方式可分為「NPM 引入」及「引用 CDN」二種。本書 Vue.js 基礎篇部份，將使用 CDN 引入部份，NPM 引入部份待後面介紹 SPA 架構時，一併介紹。

引用 CDN

CDN（縮寫：Content Delivery Network，內容傳遞網路）是透過網際網路系統，利用最靠近使用者最近的伺服器提供檔案，以達到高效率傳輸的網路服務。CDN 除可以減少網站流量，且可加快使用者下載 JS/CSS 的速度。Vue.js 框架也可以透過 jsDelivr 的 CDN 服務取得，引入語法如下：

```
<!-- 開發時用 -->
<script src="https://cdn.jsdelivr.net/npm/vue@3.2.32/dist/vue.js">
    </script>
<!-- 正式發佈時用 -->
<script src="https://cdn.jsdelivr.net/npm/vue@3.2.32/dist/vue.min.js">
    </script>
```

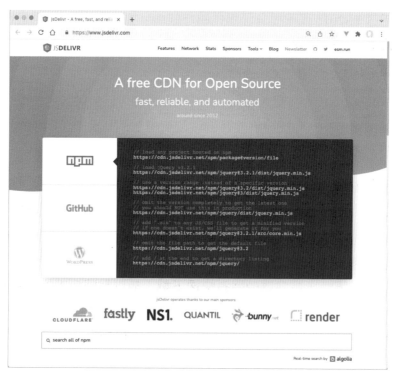

圖 1-11　jsDelivr 官方網站（連結：https://www.jsdelivr.com）

jsDelivr 除了可下載 Vue.js 的主程式之外，也提供 JavaScript、CSS 等 libraries 的 CDN 服務。若讀者想確認欲使用的 Javascript 或 CSS 套件是否在 jsDelivr 有提供，可至 jsDelivr 的首頁進行搜尋，並取得相關連結引入至 HTML。

1-3-3　Vue.js 起手式 – Hello World

在使用 Vue.js 之前，讀者或多或少應該已有過 HTML 及 Javascript 的使用經驗。本節將以 Hello World 作為第一個 Vue.js 的程式範例簡單介紹 Vue.js 程式的撰寫方式。

HTML5　index.html

```html
<!DOCTYPE html>
<html>
<head>
    <title>Hello World</title>
    <link href="page.css" rel="stylesheet">
</head>
<body>
    <!-- Vue Render 有效區域 -->
    <div id="app">
        {{ message }}
    </div>
    <script src="https://cdn.jsdelivr.net/npm/vue@3.2.32/dist/vue.js">
        </script>
    <script src="./app.js"></script>
</body>
</html>
```

首先，我們須先引入 Vue.js 框架 Javascript 檔。其次，再引入我們自行撰寫的 Vue.js 主程式。在本範例中，主程式檔名為 app.js。

　　當我們完成 Javascript 引入之後，於 HTML 中寫入 DIV Element，並賦予 id 值 app 供 Vue.js 主程式中設定，作為 Vue.js 程式渲染區域。在此宣染區域中，我們也可以雙大括號的方式，代表要取出資料模型中的屬性值。以本範例為例，{{ message }} 代表取出資料模型中，message 屬性值。

JS JavaScript 　 app.js

Vue.js 2.x
```
var app = new Vue({
    // el 即 Element，Vue 以 css 的選擇器指定要 render 的位置
    el: '#app',
    // Vue Render 時使用的資料
    data: {
        message: "Hello World",
    }
})
```

Vue.js 3.x
```
var app = Vue.createApp({
    // 資料模型 (Model)
    data: function() {
        return {
            message: 'Hello world!'
        }
    },
});
// Vue.js 渲染畫面的 HTML Element
app.mount('#app');
```

　　在 Vue.js 的主程式架構中，我們會以 new Vue() 的方式建立 Vue 的實體。當我們建立 Vue 實體時，不論是渲染的區域定義或是資料模型（Model）的定義，均以 optoins 的方式進行撰寫。在本範例中，我們可以看見 2 個 option 屬性：

⊙ el

　　el 定義 Vue.js 於 HTML 頁面中渲染的位置，它使用 css 的 id 選擇器進行設置。

⊙ data

　　data 定義頁面中資料來源的資料模型（Model），在本範例中，我們於 data 中建立 message 變數並且賦予「Hello World!」的值。

圖 1-12　範例 - Hello World

　　當我們撰寫完，執行後的結果如圖。主程式（app.js）中資料模型定義了 message 的值為「Hello World!」，於 HTML 指定的 Vue.js 渲染區域顯示「Hello World!」。

1-3-4　Vue.js 程式基礎操作

　　在程式語言中，具有輸出、輸入、迴圈、事件及條件式等五項基本的操作。本節中將簡單介紹這五種基本程式操作，在 Vue.js 中當如何撰寫。

🔍 輸出 – 文字的綁定

HTML5

```
<div id="app">{{ message }}</div>
Javascript
var app = Vue.createApp({
    data: function() {
        return {
```

```
            message: 'Hello world!'
        }
    },
});
app.mount('#app');
```

當我們想於網頁中顯示資料時，我們須在 Vue.js 中的 data 中建立屬性，在本範例中屬性名稱為 message。建立完成後，並將該屬性名稱以雙大括號的方式帶入該屬性。有關文字的綁定，將於第 2 章中作進一步的介紹。

🔍 迴圈

HTML5

```html
<ul>
    <!-- 使用 v-for 以迴圈的方式 render 出來 -->
    <!-- item 為迴圈每輪所指向的資料項目 -->
    <li v-for="item in list">{{ item }}</li>
</ul>
```

JavaScript

```javascript
var app = Vue.createApp({
    data: function() {
        return {
            list: [ '王大明', '劉小花', '歐陽大大' ]
        }
    },
});
app.mount('#app');
```

當我們處理 Web 中的頁面時，常有相同格式的資料須顯示。舉例來說，當我們想列出姓名列表時，可以透過迴圈的方式，使程式碼更為簡潔。在 Vue.js 中，迴圈的關鍵字為 v-for。

在本範例中，資料模型裡有一份名單屬性值為 list，在 HTML 中，
<li> Element 為重覆的格式。因此，我們可以用 v-for="item in list" 的
方式，將 list 拆為數個 item 的子項目，並於<li> Element 中，以大括弧
的方式，將子項的 item 帶入顯示名字。

輸入－表單變數資料雙向綁定

HTML5

```html
<!-- 輸入資料，並綁定 message -->
<input v-model="message" />
<!-- 顯示資料 -->
{{ message }}
```

JavaScript

```javascript
var app = Vue.createApp({
    data: function() {
        return {
            message: '這是預設資訊'
        }
    }
});
app.mount('#app');
```

當介面中有需要接收使用者輸入的資訊時，便是資料雙向綁定派上
用場的時候。此時，在 HTML 中的 Input Element 的屬性中，以關鍵字
v-model 填入 Vue.js 程式裡資料模型裡屬性名稱，進行雙向綁定。以本
範例來看，v-model 的值為 message，將與資料模型中的 message 屬性
進行資料雙向綁定。當使用者輸入時，Vue.js 程式便會將使用者輸入的
值更新至資料模型中。有關表單輸入的細節，將於第 3 章中詳細介紹。

🔍 事件

HTML5

```html
<!-- v-on 為事件監聽，click 為滑鼠按下事件 -->
<button v-on:click="testEvent">按我</button>
```

JS JavaScript

```javascript
var app = Vue.createApp({
    methods: {
        testEvent: function() {
            alert('Click Success!!');
        }
    }
});
app.mount('#app');
```

使用者介面中，常設置按鈕讓使用者操作系統中的功能。當使用者按下按鈕時，便會觸發事件。在 Vue.js 中，事件的關鍵字為 v-on。本範例中，v-on 冒號後面帶著 click 代表要監聽當使用者按下按鈕的事件。v-on 的屬性值 testEvent 代表當 click 事件觸發時，將執行 Vue.js 中 testEvent 的方法。有關事件的細節，將於第 3 章中詳細介紹。

🔍 條件式

HTML5

```html
<!-- 如 isShow 的值為 true 時，將顯示此 div 標籤 -->
<div v-if="isShow"> {{ message }} </div>
```

JS JavaScript

```javascript
var app = Vue.createApp({
    data: function() {
        return {
```

```
            message: 'Hi!!',
            isShow: true
        }
    }
});
app.mount('#app');
```

在 Vue.js 進行條件的判斷時，將使用關鍵字 v-if。本範例中，v-if 裡面的值為 isShow，代表它會抓取資料模型中的 isShow 屬性。當 isShow 為 true 時，div 將顯示，反之，div 將隱藏。

1-4 Vue.js 生命週期

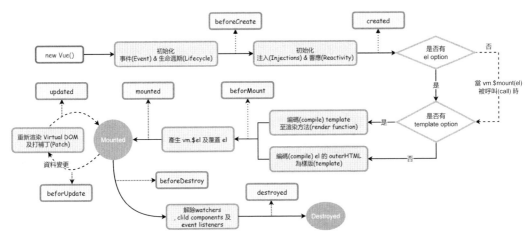

圖 1-13　Vue.js 2 生命週期

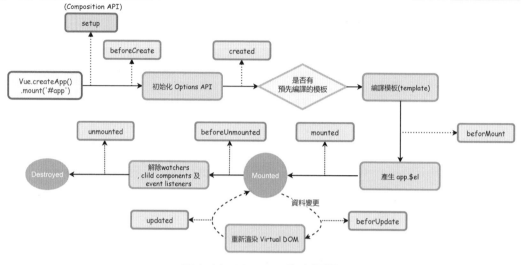

圖 1-14　Vue.js 3 生命週期

　　在使用框架時，須了解框架的生命週期，這會幫助我們在框架的使用上更得心應手。在前面的內容中，介紹了 Vue.js 的安裝與基本使用。本節將為讀者介紹 Vue.js 的生命週期，它大致上可分為「初始化」、「元件及樣板掛載」、「資料更新及重新渲染」、「元件及樣板銷毀」等四個階段。在各個階段均有可使用的勾子方法，讓開發人員可客製化勾子方法中需要處理的程序。

1-4-1　初始化 – beforeCreate 與 created

　　Vue.js 的生命週期始於 new Vue()。在 Vue Instance 實體化後，事件（Event）及生命週期（lifecycle）將初始化。隨後，注入（Injections）及響應（Reactivity）也開始初始化。這個階段有二個勾子方法：

◎ beforeCreate

　　觸發在 Vue 實體（Instance）建立前，響應（Reactivity）尚未初始化之前。

◉ created

觸發在 Vue 實體（Instance）建立前，響應（Reactivity）初始化之後。

當元件（components）或樣板（template）生成前，如有必須要準備的資料，便可以透過這個階段的勾子方法，進行資料的初始化。程式碼範例如下：

JS JavaScript

```javascript
var app = Vue.createApp({
    data: function() {
        return {
            message: '這是預設資訊'
        }
    },
    beforeCreate: function() {
        // Vue 實體化後，響應式開始前，資料初始化程式可於此處撰寫
    },
    created: function() {
        // Vue 實體化後，開始響應式後，資料初始化程式可於此處撰寫
    },
});
app.mount('#app');
```

1-4-2 元件及樣板掛載 – beforeMount 與 mounted

在 Vue.js 實體化，當事件（Event）、生命週期（Lifecycle）、注入（Injections）、響應（Relativity）等都初始化完成後，Vue.js 核心將會確認 options 的 el 及 template 屬性。此時，Vue.js 開始準備 render function 及 template。

- 當 template 不存在時，Vue.js 會直接編譯（compile）el 定義的 HTML 範圍，將之視為一個樣板。

- 當 template 存在時，Vue.js 將之編譯（compile）為樣板，並放至 render function 中。

上述 2 項準備好之後，Vue.js 產生了 vm.$el，並取代了原本 HTML 中的 el。這個過程，我們可以稱作掛載（mount）。在掛載時，Vue.js 也提供了 2 個勾子方法：

- beforeMount

  樣板編譯完成，實體掛載前。可應用於元件或樣板有需要先準備資料時使用。

- mounted

  樣板綁譯完成，且已完成元件或樣板的掛載，可應用於元件或樣板載入後須進行資料或畫面的變化時使用。

以下為掛載階段時的範例程式：

JS JavaScript

```javascript
var app = Vue.createApp({
    data: function() {
        return {
            message: '這是預設資訊'
        }
    },
    beforeMount: function() {
        // 元件或樣板掛載前，欲執行的程序
    },
    mounted: function() {
        // 元件或樣板掛載完成後，欲執行的程序
    },
});
app.mount('#app');
```

1-4-3　資料更新及重新渲染 – beforeUpdate 與 updated

　　在使用者介面中，當畫面渲染完成後，使用者會依據需求在畫面中進行操作。例如：在查詢訂單的頁面中，當使用者輸入訂單號碼查詢時，介面會依查詢條件取得訂單資料。在 Vue.js 的規範中，須更新資料模型（Model）。在資料模型更新時，Vue.js 核心具有 2 個勾子方法可使用：

- beforeUpdate

  資料模型更新，在重新渲染前。

- updated

  資料模型更新，完成渲染後。

　　以下為資料更新及重新渲染階段的範例：

JS JavaScript

```javascript
var app = Vue.createApp({
    data: function() {
        return {
            message: '這是預設資訊'
        }
    },
    beforeUpdate: function() {
        // 資料更新後，畫面渲染前執行的程序
    },
    updated: function() {
        //資料更新後，完成畫面渲染時，執行的程序
    },
});
app.mount('#app');
```

1-4-4 元件及樣板銷毀 – beforeUnmounted 與 unmounted

當使用者操作完成，離開頁面時，由於需清空原有頁面的元件或樣板，讓新頁面的元件或樣板顯示。此時，原有頁面的元件及樣板來到了 Vue.js 生命週期的最後一個階段，Vue.js 將之銷毀。在此時，Vue.js 也提供 2 個勾子方法：

◉ beforeUnmounted（Vue.js 2.x 為 beforeDestroy）

元件或樣板銷毀前，可應用於清除計數器用。

◉ unmounted（Vue.js 2.x 為 destroyed)

元件或樣板銷毀完成，此勾子方法可應用於轉導頁面使用。

以下為元件及樣板階段的範例：

JS JavaScript

```javascript
var app = Vue.createApp({
    data: function() {
        return {
            message: '這是預設資訊'
        }
    },
    beforeUnmounted: function() {
        // Vue.js 3.x 元件或樣板銷毀前，須執行的程序
    },
    unmounted: function() {
        // Vue.js 3.x 元件或樣板銷毀前，須執行的程序
    },
});
app.mount('#app');
```

資料登錄及顯示

2-1 資料模型及文字顯示

2-1-1　資料模型 – data

當我們使用 Vue.js 框架建構網頁時，首先，須建立資料模型。在 Vue.js 的生命週期中，Vue.js 實體被建立時，會初始化資料模型，並監聽其中的資料變化，以達到響應式資料（Reactive Data）的特性。響應式資料的特性，使資料模型裡的資料變動時，Vue.js 中的 ViewModel 會將網頁中所有與資料模型綁定的地方重新渲染。

Vue.js 的資料模型不僅僅為了顯示資料使用，同時，我們可以利用其響應式資料特性，進行表單資料的截取及頁面元件的控制。在以下情境中，我們可以將資料註冊至 Vue.js 的資料模型中：

- HTML Element 的屬性需要動態賦值
- HTML Element 的 CSS / Class 樣式控制

◉ 網頁內容顯示，例：頁面動態標題、使用者資訊...等。

◉ 網頁內容顯示 / 隱藏控制

◉ 建構承接表單資料的變數，例：登入介面的「帳號」、「密碼」輸入文字框的資訊。

本章將著重在資料的登入及顯示，有關資料的雙向綁定特性，將於第 3 章中向讀者介紹。

🔍 定義資料模型

Vue.js 的資料模型可透過 option API 或 composition API 進行註冊。由於 composition API 為 Vue.js 3.x 新增功能，且本書著重於 option API 語法，為了讓讀者學習後，能夠在 Vue.js 2.x 與 Vue.js 3.x 快速切換使用，故 composition API 不在本書教學範圍裡。若有興趣的讀者可至 Vue.js 官方網站（網址：https://vuejs.org/guide/extras/composition-api-faq.html）查詢使用方式。

如表 2-1 所示，當我們使用 Vue.js 的 option API 方式進行資料模型的註冊時，須在 data 這個屬性中進行註冊。Vue.js 2.x 與 3.x 的 data 為 Object 的格式。然而，在註冊資料模型時存在一個差異：

◉ Vue.js 2.x 可直接指派 Object 給 data

◉ Vue.js 3.x 須以 Function 進行註冊，並由 Function 回應 Object 給 data

表 2-1 Vue.js 2.x/3.x 註冊資料模型差異比較表（以 JavaScript 語法）

JS JavaScript

Vue.js 2.x	Vue.js 3.x
| ```javascript
var app = new Vue({
    el: '#app',
    // Vue 2.x 以 Object 形式註冊
       資料模型
    data: {
        message: "Hello World",
    }
})
``` | ```javascript
var app = Vue.createApp({
    // Vue.js 3.x 以 Function
       的形式註冊資料模型
    data: function() {
        return {
            message: 'Hello
                world!'
        }
    },
});
app.mount('#app');
``` |

2-1-2　靜態內容顯示 – 資料綁定

圖 2-1　資料綁定概念圖

　　Vue.js 建立模型後，可將資料模型中的屬性至 HTML 頁面中進行綁定。如圖 2-1 所示，當資料模型的 message 屬性綁定至 HTML 頁面後，Vue 實體會將 message 的值「This is a message.」渲染至 HTML 頁面指定的位置。

範例 2-1 靜態內容顯示－目標

圖 2-2　範例 2-1 渲染結果

如圖 2-2 所示，本範例我們將帶讀者使用 Vue.js 框架，進行以下操作：

⊙ 建立 message 至資料模型中，並給予值「This is a message.」。

⊙ 在網頁中顯示資料模型裡 message 屬性的值。

範例 2-1 靜態內容顯示－程式解析

JS JavaScript　vue3/ch02/2-1/app.js

```javascript
var app = Vue.createApp({
    // Vue.js 資料模型
    data: function() {
        return {
            message: 'This is a message.'
        };
    }
});
app.mount('#app');
```

HTML5　vue3/ch02/2-1/index.html

```html
(-- 略 --)
<div id="app">
    <!-- 顯示資料模型中 message 屬性 -->
    {{ message }}
```

```
</div>
(-- 略 --)
```

在前一節中，我們已經學會了註冊資料至 Vue.js 實體中，本節我們將來看已註冊的資料在 HTML 中當如何顯示。Vue.js 框架裡，已為開發者提供模板語法，在 HTML Element 內容中，想渲染文字資料顯示時，可以使用雙大括號「 {{ }}」。

如範例 2-1 程式碼所示，data 資料模型中的 message 屬性，透過在 HTML 網頁檔案中以雙大括號「 {{ }}」的語法進行綁定後，在網頁執行後，Vue 實體將 message 的值渲染至 HTML 中，其結果如圖 2-1。

2-1-3　JavaScript 表示式渲染

雙大括號「 {{ }}」的內容除了可以是「資料模型屬性」，也可以「JavaScript 表達式」的方式即時運算出。JavaScript 表示式為單行的程式碼，大致可分為以下的方式：

◉ 三元表示式

```
{{ [判斷式] ? [判斷為 true 的值] : [判斷為 false 的值] }}
```

◉ 文字相加

```
// ex1
{{ StringA + StringB }}
// ex2
{{ `${StringA}${StringB}` }}
```

◉ 數字運算

```
// ex1
{{ counter + 10 }}
// ex2
{{ (1+1) * 10 }}
```

2-5

- 陣列合併文字

```
{{ foods.join(',') }}
```

範例 2-2 JavaScript 表示式渲染 – 目標

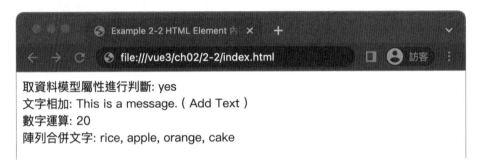

圖 2-3　範例 2-2 渲染結果

如圖 2-3 所示，本範例將使用 JavaScript 表示式進行渲染以下資訊：

- 以「三元表示式」判斷 message 是否值等於「This is a message.」，相等時為「yes」，反之則顯示「no」

- 以「文字相加」的方式將 message 屬性後加上「(Add Text)」字串

- 以「數字相加」的方式渲染 counter 加 10 的結果

- 使用 JavaScript 陣列的 join 語法，以「,」作為間隔符號合併 foods 陣列中的值

範例 2-2 JavaScript 表示式渲染 – 程式解析

HTML5　vue3/ch02/2-2/index.html

```
(-- 略 --)
<div id="app">
    <!-- 取資料模型屬性進行判斷 -->
    取資料模型屬性進行判斷:{{ message === 'This is a message.' ? 'yes' :
```

```
      'no' }}<br/>
   <!-- 文字相加 -->
   文字相加: {{ message + ' ( Add Text )' }}<br/>
   <!-- 數字運算 -->
   數字運算: {{ counter + 10 }}<br/>
   <!-- 陣列合併文字 -->
   陣列合併文字: {{ foods.join(', ') }}<br/>
</div>
(-- 略 --)
```

依本例的目標，我們於資料模型中建立了 3 個屬性：

◉ message：資料型態為 String，作為判斷式及文字相加的基礎變數

◉ counter：資料型態為 Number，作為數字相加的變數

◉ foods：資料型態為 Array，作為陣列合併的變數

JS JavaScript   vue3/ch02/2-2/app.js

```javascript
var app = Vue.createApp({
    // Vue.js 資料模型
    data: function() {
        return {
            message: 'This is a message.',
            counter: 10,
            foods: ['rice', 'apple', 'orange', 'cake'],
        };
    }
});
app.mount('#app');
```

　　資料模型建立後，便可在 HTML 頁面中使用了 Vue.js 模板引擎中的雙大括號「{{ }}」語法，在「{{ }}」中我們撰寫 JavaScript 表示式，依各部份 JavaScript 運算結果，網頁渲染結果如圖 2-2 所示，渲染說明如下：

⊙ 取資料模型屬性進行判斷

JavaScript 三元表示式判斷結果為 true，故依判斷將顯示「yes」。

⊙ 文字相加

message 屬性值後串加「(Add Text)」字串，故將渲染出「This is a message. (Add Text)」。

⊙ 數字相加

counter 數值加 10 結果為 20，故頁面中渲染「20」。

⊙ 陣列合併文字

foods 陣列中具有「rice」「apple」「orange」「cake」等 4 個字串，依 JavaScript 表示式運算後，將渲染出「rice, apple, orange, cake」。

2-2 HTML Element 屬性資料綁定 – v-bind

Vue.js 進行文字資料綁定時以雙大括弧「{{ }}」決定要在 HTML 綁定的位置。在前面章節的範例中，主要將資料綁定至 HTML Element 的內容區域中。在實際應用情境中，除了綁定至 HTML Element 的內容區域外，也需要綁定至 HTML Element 屬性的需求，例如：

⊙ HTML 表單元件的 value

⊙ HTML Element 的 style 屬性

⊙ HTML Element 的 class 屬性

⊙ 圖片來源

想將資料綁定於 HTML Element 屬性時，以 HTML 的文字方塊為例，我們可以將資料模型中的「textValue」屬性透過雙大括弧「{{ }}」的方式綁定於 HTML Element - input 的 value 屬性值時，HTML 中的樣版程式碼如下：

```
<input type="text" value="{{ textValue }}" >
```

此時，可以使用 Vue.js 中 v-bind 的語法進行改寫，v-bind 格式的樣版語法如下：

```
v-bind:[HTML Element 屬性名稱]="[ 資料模型屬 / JavaScript 表示式 ]"
```

依照上述格式，在 HTML 中的樣版語法改寫如下：

```
<input type="text" v-bind:value="textValue" >
```

v-bind:value 中的「v-bind:」可以簡寫為「:」，故前面的程式碼可再改寫為：

```
<input type="text" :value="textValue" >
```

範例 2-3 表單元件資料綁定 – 目標

圖 2-4　範例 2-3 表單元件資料綁定渲染結果

範例 2-3 將以文字方塊為例，學習透過 v-bind 進行 HTML 屬性的資料綁定，給予文字方塊預設值，執行結果如圖 2-4 所示。

範例 2-3 表單元件資料綁定 – 程式解析

`JS JavaScript` vue3/ch02/2-3/app.js

```javascript
var app = Vue.createApp({
    // Vue.js 資料模型
    data: function() {
        return {
            value1: '使用 v-bind 綁定資料',
            value2: '使用 v-bind 縮寫綁定資料',
        };
    }
});
app.mount('#app');
```

依本例的目標，我們於資料模型中建立了 2 個屬性：

◉ value1：資料型態為 String，作為使用 v-bind 綁定至文字方塊的變數

◉ value2：資料型態為 String，與 value1 功用相同，但綁定時使用 v-bind 的縮寫

`HTML5` vue3/ch02/2-3/index.html

```html
(-- 略 --)
<div id="app">
    <!-- 文字方塊 - 使用 v-bind 綁定至 value -->
    <input type="text" v-bind:value="value1"><br/>
    <!-- 文字方塊 - 使用 v-bind 縮寫綁定至 value -->
    <input type="text" :value="value2">
</div>
(-- 略 --)
```

資料模型建立後，我們將 value1 及 value2 兩個資料模型中的屬性綁定至 input 的 value 屬性。綁定完後，當我們執行網頁後，渲染出的結果如圖 2-4 所示，不論使用「v-bind:value」的方式或「:value」縮寫的形式綁定，均可成功渲染出屬性的值。

範例 2-4　HTML Element 樣式資料綁定－目標

圖 2-5　範例 2-4 HTML Element 樣式資料綁定渲染結果

　　範例 2-4 中，我們將學習如何綁定樣式資料。在網頁中 HTML Element 的樣式可透過 class 或 style 屬性設置。本例中將建立 2 個 div，其一，以綁定 class 名稱的方式，另一個則綁定 style，網頁執行結果如圖 2-5 所示。

範例 2-4 HTML Element 樣式資料綁定－程式解析

CSS　vue3/ch02/2-4/page.css

```
.test-style-class {
    width: 200px;
    margin: 5px;
    padding: 5px 10px;
    color: #FEFEFE;
    background: #666;
    text-align: center;
}
```

本例中綁定 class 名稱之前，我們得先建立 test-style-class 的 CSS Class。

JS JavaScript vue3/ch02/2-4/app.js

```javascript
var app = Vue.createApp({
    // Vue.js 資料模型
    data: function() {
        return {
            className: 'test-style-class',
            customStyle: {
                width: '200px',
                margin: '5px',
                padding: '5px 10px',
                color: '#FEFEFE',
                background: '#666',
                'text-align': 'center'
            },
        };
    }
});
app.mount('#app');
```

完成 Class 建立後，我們在 Vue.js 的資料模型中建立 2 個屬性：

⊙ className：資料型態為 String，作為 class 名稱變數。

⊙ customStyle：資料型態為 Object，作為設置 style 樣式。當使用者建立時，Object 中的屬性名稱為 CSS 屬性，屬性值為字串，記錄 CSS 屬性的值。

HTML5 vue3/ch02/2-4/index.html

```html
<div id="app">
    <!-- class 樣式class 名稱綁定 -->
    <div v-bind:class="className">
        class 樣式class 名稱綁定
```

```
    </div>
    <!-- style 樣式綁定 -->
    <div v-bind:style="customStyle">
        style 樣式綁定
    </div>
</div>
```

當我們建立完 CSS Class 及 Vue.js 資料模型後，我們可開始在 HTML 網頁中進行資料的綁定。首先，我們建立 2 個 DIV Element。建立後，作以下資料綁定：

◉ class 樣式 class 名稱綁定

將資料模型中的 className 以 v-bind 的方式綁定至 div 的 class 屬性

◉ style 樣式綁定

將資料模型中的 customStyle 以 v-bind 的方式綁定至 div 的 style 屬性。

02 CH

資料綁定完成後，我們可執行網頁，結果如圖 2-5 所示。在本例中綁定資料至 div 的 style 時，也可將資料模型 customStyle 的 Object 直接填入 v-bind:style 中，HTML 程式如下：

HTML5 vue3/ch02/2-4/index-2.html

```
(-- 略 --)
    <div v-bind:style="{
        width: '200px',
        margin: '5px',
        padding: '5px 10px',
        color: '#FEFEFE',
        background: '#666',
        'text-align': 'center'
        }">
        style 樣式綁定
```

```
    </div>
(-- 略 --)
```

範例 2-5 圖片資料綁定－目標

圖 2-6　範例 2-5 圖片資料綁定渲染結果

範例 2-5 中，我們將學習如何綁定圖片資料。當我們在 HTML 網頁中安置圖片時，將使用<img> Element，其圖片的來源內容須在<img> Element 的 src 屬性設置。src 屬性的值可為：

◉ 圖片路徑

◉ Base64 資料

本例將上述 2 種類型的資料，以 Vue.js 資料綁定的方式給 <img> Element 的 src 屬性賦值，網頁執行結果如圖 2-5 所示。

範例 2-5 圖片資料綁定 – 程式說明

JS JavaScript vue3/ch02/2-5/app.js

```javascript
var app = Vue.createApp({
    // Vue.js 資料模型
    data: function() {
        return {
            // 圖片路徑
            imagePath: './img/ex2-5.jpg',
            // 圖片 base64 資訊
            imageBase64: 'data:image/png;base64,iVBORw0KGgo...(略)',
        };
    }
});
app.mount('#app');
```

首先，我們在 Vue.js 的資料模型中建立 2 個屬性：

◉ imagePath：資料型態為 String，作為圖片相對路徑的變數。

◉ imageBase64：資料型態為 String，作為圖片 Base64 編碼的變數。

HTML5 vue3/ch02/2-5/index.html

```html
<div id="app">
    圖檔相對位置資料綁定:<br/>
    <img v-bind:src="imagePath" /><br/>
    圖片 base64 編碼資料綁定:<br/>
    <img v-bind:src="imageBase64" /><br/>
</div>
```

當我們建立好資料模型後，便可將 Vue.js 資料模型中的 imagePath 及 imageBase64 兩個屬性分別綁定至 2 個不同<img> Element 的 src 屬性。其結果如圖 2-6 所示。

02
CH

資料登錄及顯示

2-3 列表資料綁定 – v-for

列表資料綁定 v-for

本節將介紹使用 v-for 在 HTML 頁面裡列表資料的渲染。v-for 可安插於 HTML Element 的屬性中使用。當我們綁定列表資料時，其列表資料的資料類型可為 Array 或是 Object，其使用方式如下：

◉ Array 列表資料

當我們欲將 Array 資料綁定至 HTML 中時，須先至資料模型中建立 Array 資料，以紅綠燈顏色列表為例，JavaScript 程式碼如下：

```javascript
var app = Vue.createApp({
    // Vue.js 資料模型
    data: function() {
        return {
            // 紅綠燈顏色列表陣列
            colors: [
                'green', 'yellow', 'red',
            ]
        };
    }
});
app.mount('#app');
```

建立完成 Array 後，便可於 HTML 頁面中在我們想進行列表資料渲染的地方使用 v-for，其格式如下：

```
v-for="([陣列元素], [索引值]) in [陣列屬性名稱]"
```

依據上述格式，在 HTML 樣板中作為紅綠燈顏色列表顯示的\<li\> Element 處，使用 v-for 語法撰寫如下：

```html
<div id="app">
    <ul>
        <li v-for="(item, index) in colors">
```

```
            {{ item }}
        </li>
    </ul>
</div>
```

colors 列表資料綁定於<li> Element 中，v-for 的設定將以迴圈的方
式，依列表變數所含陣列元素的數量，將渲染出對應數量的<li>
Element，並在每個<li> Element 中渲染出陣列元素的值。其 HTML
渲染結果如下：

```
<div id="app">
    <ul>
        <li> green </li>
        <li> yellow </li>
        <li> red </li>
    </ul>
</div>
```

◉ Object 列表資料

當我們欲將 Object 資料綁定至 HTML 中時，須先至資料模型中建
立 Object 資料，以小學裡高年級各級總人數為例，JavaScript 程式
碼如下：

```
var app = Vue.createApp({
    // Vue.js 資料模型
    data: function() {
        return {
            // 紅綠燈顏色列表陣列
            school: {
                fifth_grade: 185,
                sixth_grade: 132,
            }
        };
    }
});
app.mount('#app');
```

建立完成高年級各級總人數變數－school 後，便可於 HTML 頁面中在預定渲染列表資料的地方使用 v-for，其格式如下：

```
v-for="([屬性值], [屬性名稱], [索引值]) in [陣列屬性名稱]"
```

依據上述格式，綁定之 HTML 如下：

```
<div id="app">
    <ul>
        <li v-for="(value, propertyName, index) in school">
            {{ propertyName }} - {{ value }}
        </li>
    </ul>
</div>
```

school 列表資料綁定於<li> Element 中，v-for 的設定將以迴圈的方式，依 Object 具有屬性的數量，將渲染出對應數量的<li> Element，並在每個<li> Element 中渲染出屬性名稱及屬性值。其 HTML 渲染結果如下：

```
<div id="app">
    <ul>
        <li> fifth_grade - 185 </li>
        <li> sixth_grade - 132 </li>
    </ul>
</div>
```

v-for 與 key 屬性

當 HTML 頁面內容具有相同格式須進行動態渲染時，我們可以建立 Array 或 Object 資料模型，使用 v-for 進行資料綁定，讓 Vue.js 的 ViewModel 替我們將資料以迴圈的方式渲染。

每當 Array 或 Object 資料有變動時，Vue.js 便會將 Array 的所有元素或 Object 的所有屬性重新進行渲染。這對於效能而言，是一個較大的負擔。因此，Vue.js 設置了一個 key 的屬性協助 Vue 辨識是 Array 中的元素或 Object 屬性值有變化，使 Vue 可以更精準地針對有變化的值作最小幅度的重新渲染。

了解了設置 key 的重要性後，在前面列表資料的範例中，我們可將 v-for 中的索引值綁定至 key 屬性，HTML 中的樣板語法改寫如下：

◉ 紅綠燈顏色清單

```html
<div id="app">
    <ul>
        <li
            v-for="(item, index) in colors"
            v-bind:key="index"
        >
            {{ item }}
        </li>
    </ul>
</div>
```

◉ 小學裡高年級各級總人數

```html
<div id="app">
    <ul>
        <li
            v-for="(value, propertyName, index) in school"
            v-bind:key="index"
        >
            {{ propertyName }} - {{ value }}
        </li>
    </ul>
</div>
```

範例 2-6 網站輪播圖

圖 2-7　範例 2-6 網站輪播圖範例結果展示

　　範例 2-6 中將學習使用 v-for 綁定列表資料，讓 Vue 渲染 Bootstrap 的網站輪播圖的效果。在進行資料綁定前，我們須先了解如何以 Bootstrap 撰寫網站輪播圖。首先，我們先於 HTML 標頭中引用 Bootstrap 的 css 及 js。

```
<!-- Bootstrap 4 CSS -->
<link rel="stylesheet" href="https://stackpath.bootstrapcdn.com/
   bootstrap/4.1.3/css/bootstrap.min.css" integrity="sha384-MCw98/
   SFnGE8fJT3GXwEOngsV7Zt27NXFoaoApmYm81iuXoPkFOJwJ8ERdknLPMO"
   crossorigin="anonymous">
<!-- Bootstrap 4 JS / jQuery JS -->
<script src="https://code.jquery.com/jquery-3.3.1.slim.min.js"
   integrity="sha384-q8i/X+965DzO0rT7abK41JStQIAqVgRVzpbzo5smXKp4
   YfRvH+8abtTE1Pi6jizo" crossorigin="anonymous"></script>
<script src="https://stackpath.bootstrapcdn.com/bootstrap/4.1.3/js
   /bootstrap.min.js" integrity="sha384-ChfqqxuZUCnJSK3+MXmPNIyE6Z
```

```
        bWh2IMqE241rYiqJxyMiZ6OW/JmZQ5stwEULTy" crossorigin="anonymous">
</script>
```

Bootstrap 4 基本的輪播圖程式範例如下：

HTML5 | vue3/ch02/2-6/bootstrap.html

```
<div id="ex-slide" class="carousel slide" data-ride="carousel">
    <ol class="carousel-indicators">
        <li data-target="#ex-slide" data-slide-to="0"
            class="active"></li>
        <li data-target="#ex-slide" data-slide-to="1"
            class=""></li>
        <li data-target="#ex-slide" data-slide-to="2"
            class=""></li>
        <!-- 略 -->
    </ol>
    <div class="carousel-inner">
        <div class="carousel-item">
            <img
                class="d-block w-100"
                src="./images/slide-01.jpg"
                alt="1st 輪播圖"
            />
        </div>
        <div class="carousel-item active">
            <img
                class="d-block w-100"
                src="./images/slide-02.jpg"
                alt="2st 輪播圖"
            />
        </div>
        <div class="carousel-item">
            <img
                class="d-block w-100"
                src="./images/slide-03.jpg"
                alt="3st 輪播圖"
```

02
CH

資料登錄及顯示

```
                 />
        </div>
        <!-- 略 -->
    </div>
</div>
```

自上述範例中，我們可以規納出幾點：

- ◉ <ol class="carousel-indicators"> Element 中的 <li> Element 具有固定的格式：
  - data-target：所有項目的值均為「#ex-slide」
  - data-slide-to：值為第幾個 Slide
  - class：第 1 個 Slide 須為 active
- ◉ <div class="carousel-inner"> Element 中的 <div class="carousel-item"> Element 具有固定的格式：
  - class：第 1 個 Slide 須為 active
  - <img> Element 的 src 屬性：各個輪播圖片的相對位置路徑
  - <img> Element 的 alt 屬性：文字為第幾個輪播圖

範例 2-6 網站輪播圖 – 程式說明

JS JavaScript vue3/ch02/2-6/app.js

```javascript
var app = Vue.createApp({
    // Vue.js 資料模型
    data: function() {
        return {
            // 輪播圖片相對位置清單
            slideList: [
                './images/slide-01.jpg',
                './images/slide-02.jpg',
                './images/slide-03.jpg',
                './images/slide-04.jpg',
```

```
                    './images/slide-05.jpg',
            ]
        };
    }
});
app.mount('#app');
```

依據 Bootstrap 輪播圖範本分析，可以歸網出列表需要的資訊為：

◉ 圖片相對路徑

◉ 輪播圖片為第幾張

依所歸納出的資訊，首先，於 Vue 資料模型中，建立一個 Array 列表資訊的變數 slideList，其中儲存了「圖片相對路徑」資訊。輪播圖片為第幾張的資訊，我們可以透過 v-for 的索引值取得，故可不須額外增加變數資訊。

HTML5 vue3/ch02/2-6/index.html

```
<div id="app">
    <div id="ex-slide" class="carousel slide" data-ride="carousel">
        <ol class="carousel-indicators">
            <li
                data-target="#ex-slide"
                v-for="(item, index) in slideList"
                v-bind:data-slide-to="index"
                v-bind:class="{ active: index === 0 }"
                v-bind:key="index"
            ></li>
        </ol>
        <div class="carousel-inner">
            <div
                class="carousel-item"
                v-for="(item, index) in slideList"
                v-bind:class="{ active: index === 0 }"
                v-bind:key="index"
```

```
            >
                <img
                    class="d-block w-100"
                    v-bind:src="item"
                    v-bind:alt="`${index+1}st slide`"
                />
            </div>
        </div>
    </div>
</div>
```

建置完資料模型後，我們於 `<ol class="carousel-indicators">` Element 的`<li>` Element 使用 v-for 的方式，綁定 slideList Array 列表資料，並將各元素進行以下資料綁定操作：

◉ 使用 v-bind 的方式綁定 data-slide-to 屬性，給予 v-for 的 index 的值時，HTML 中的樣板語法如下：

```
v-bind:data-slide-to="index"
```

◉ 使用 v-bind 的方式於 class 屬性綁定一個 Object，Object 中具須具有 active 屬性，且在 active 屬性值回應「判斷 index 是否為 0」的結果。當判斷為 true 時，讓 Vue 賦予 active 這個 CSS Class。HTML 中的樣板語法如下：

```
v-bind:class="{ active: index === 0 }"
```

◉ 最後，別忘了使用 v-bind 綁定將 index 索引值賦予給 key 屬性

至此，我們便將輪播圖下方的切換按鈕綁定完成。接下來，我們將 `<div class="carousel-inner">` Element 的 `<div class="carousel-item">` Element 使用 v-for 的方式，綁定 slideList Array 列表資料，並將各元素進行以下資料綁定操作：

- 如同前面\<li\> Element 使用 v-bind 的方式，賦予 key 及 class 的值

- 在\<img\> Element 的 src 屬性，使用 v-bind 綁定元素值（item），
  HTML 中的樣板語法如下：

  ```
  v-bind:src="item"
  ```

- 在\<img\> Element 的 alt 屬性，使用 v-bind 綁定動態生成的字串值，
  HTML 中的樣板語法如下：

  ```
  v-bind:alt="`${index+1}st slide`"
  ```

資料綁定至 HTML 頁面後，我們便可執行網頁，其渲染結果如圖
2-7 所示。

2-4 顯示與隱藏控制 – v-show

🔍 v-show 顯示及隱藏控制

當我們在 HTML 頁面中想控制 Element 的顯示或隱藏時，可在
HTML Element 的屬性中使用 v-show，HTML 中的樣板語法如下：

```
v-show="[變數值 / 單行判斷式]"
```

v-show 中的值，為 Truthy 或 Falsy 值，可由變數值或單行判斷式
運算取得。Truthy 與 Falsy 值的定義如下：

- Truthy（真值）

  將值放至 JavaScript 的 if 判斷式中判斷時，若回應為 True 時，則
  為 Truthy 值，例：true, 1, 2…等值。

◉ Falsy（虛值）

將值放至 JavaScript 的 if 判斷式中判斷時，若回應為 False 時，則為 Falsy 值。在 JavaScript 的 falsy 值如下：

- False（Boolean）

- 數值 0（Number）

- 負數 -0（Number）

- NaN（Number）

- 空字串（String），例：「" "」、「''」、「``」

- Null（Object）

- undefined（Undefined）

當 v-show 的值為真值（Truthy）時，代表該 HTML Element 可渲染至 HTML 頁面中；反之，當 v-show 的值為虛值（Falsy）時，Vue 在渲時會在該 HTML Element 增加 style="display:none"，將其隱藏起來。

範例 2-7 照片有貓咪嗎？

圖 2-8　範例 2-7 渲染結果

範例 2-7 中，準備了 3 張圖片，第 1 張為狗狗照片，第 2 張為貓咪圖片，第 3 張為貓咪照片。在本例中，將建立資料模型，並透過 v-show 的方式只顯示有貓的照片或圖片，其結果如圖 2-8 所示。

範例 2-7 照片有貓咪嗎？ – 程式說明

JS JavaScript vue3/ch02/2-7/app.js

```javascript
var app = Vue.createApp({
    // Vue.js 資料模型
    data: function() {
        return {
            // 圖片清單
            imageList: [
                {
                    name: '狗狗照片',
                    path: './images/slide-01.jpg',
                    is_cat: false
                },
                {
                    name: '貓咪圖片',
                    path: './images/slide-02.jpg',
                    is_cat: true
                },
                {
                    name: '貓咪照片',
                    path: './images/slide-03.jpg',
                    is_cat: true
                },
            ]
        };
    }
});
app.mount('#app');
```

首先,依照慣例,須先依照範例需求建立資料模型。在本例中,在 data 資料模型設置 imageList 用來儲存圖片列表資訊,在列表資訊中,每個陣列元素為 Object,各個 Object 建立 3 個屬性:

- name:資料類型為 String,作為「圖片名稱」變數
- path:資料類型為 String,作為「圖片路徑」變數
- is_cat:資料類型為 Boolean,作為「顯示或隱藏」的變數

HTML5 vue3/ch02/2-7/index.html

```html
<div id="app">
    <div
        class="img-container"
        v-for="(image, index) in imageList"
        v-bind:key="index"
    >
            <!-- 圖片名稱 -->
            {{ image.name }}<br/>
            <!-- 判斷結果文字 -->
            {{ image.is_cat === true ? '有貓咪' : '沒有貓咪不秀了' }}<br/>
            <!-- v-show 結果 -->
            <img v-bind:src="image.path" v-show="image.is_cat" />
    </div>
</div>
```

建立完資料模型後,可在<div id="app"> Element 裡,建立一個<div class="img-container"> Element,並透過 v-for 的方式進行列表資料綁定。在每個陣列元素的綁定進行以下設定:

- 圖片名稱:

  在 v-for 陣列元素為 image,故圖片名稱以「image.name」的方式綁定。

- 判斷結果文字：

  判斷結果文字的資料綁定以三元表示式，取陣列元素的 is_cat 變數
  進行判斷。若 image.is_cat 為 true 顯示「有貓咪」，反之，若值為
  false 則顯示「沒有貓咪不秀了」。

- v-show 結果

  在圖片的部份，我們設置<img> Element，圖片路徑我們於 src 屬
  性綁定 image.path，顯示控製部份則綁定 image.is_cat。

表 2-2　v-show 顯示及隱藏比較表

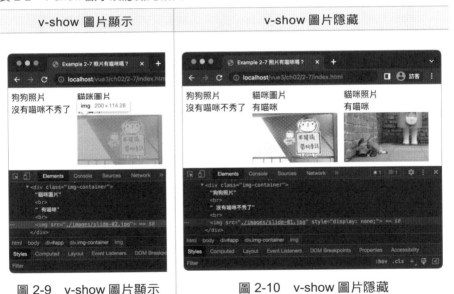

v-show 圖片顯示	v-show 圖片隱藏
圖 2-9　v-show 圖片顯示	圖 2-10　v-show 圖片隱藏

　　上述資料綁定完成後，可使用 Chrome 瀏覽器執行網頁。當執行完
成後，我們可以打開 Chrome 的開發者模式選擇「Elements」頁籤，如
表 2-2 所示，我們便會看見隱藏的<img> Element，會多了 style="display:
none;" 的 CSS 設置。

2-5 條件判斷 – v-if / v-else-if / v-else

🔍 v-if 顯示及隱藏應用

當我們在 HTML 頁面中想控制 Element 的顯示或隱藏時，除了可使用 v-show 外，也可以使用 v-if。v-if 的值與 v-show 相同，HTML 中的樣板語法如下：

```
v-if="[變數值 / 單行判斷式]"
```

v-if 的值為 Truthy 或 Falsy 值，可由變數值或單行判斷式運算取得。使用上當我們要顯示 Element 時，必須給予 v-if 真值（Truthy），此時，無論使用 v-if 或是 v-show，Element 均會正常渲染。

當我們要隱藏 Element 時，須給予 v-if 虛值（Falsy）。此時，v-if 與 v-show 雖然都可達成隱藏的目的。但是，在渲染上，v-if 不同於 v-show 使用「加入 style="display: none;"」的方式，v-if 將不渲染隱藏的 Element。

v-if 除了可使用於顯示或隱藏外，也可以使用於條件判斷。以 <span> Element 為例，v-if / v-else-if / v-else 在 HTML 中的樣板語法如下：

```
<span v-if="[值 1 / 判斷式 1]"> 判斷式 1 Success </span>
<span v-else-if="[值 2 / 判斷式 2]"> 判斷式 2 Success </span>
<span v-else> 未符合任何條件 </span>
```

v-if、v-else-if 及 v-else 必須接連使用，其中 v-if 及 v-else-if 的值均為真值（Truthy）或虛值（Falsy），可由變數值或單行判斷式運算取得。v-if 先進行判斷，判斷式 1 結果為真值時，則渲染該 Element，反之，則進行 v-else-if 的判斷式 2。進入判斷式 2 後，判斷結果若為真值，則渲染 v-else-if 的 Element，反之，則渲染緊接在後 v-else 綁定的 Element。

範例 2-8　是不是真的貓咪？－目標說明

圖 2-11　範例 2-8 網頁執行結果

範例 2-8 將帶讀者學習 v-if / v-else-if / v-else 的使用方式。本例使用範例 2-7 的 3 張圖片，顯示規則如下：

◉ 顯示圖片名稱

◉ 顯示說明圖片與貓的關聯

◉ 僅顯示實際的貓照片

範例 2-8 是不是真的貓咪？－目標說明

JS JavaScript　vue3/ch02/2-8/app.js

```javascript
var app = Vue.createApp({
    // Vue.js 資料模型
    data: function() {
        return {
            // 圖片清單
            imageList: [
                {
                    name: '狗狗照片',
                    path: './images/slide-01.jpg',
```

```
                                is_cat_pic: false,
                                is_real_cat: false
                        },
                        {
                                name: '貓咪圖片',
                                path: './images/slide-02.jpg',
                                is_cat_pic: true,
                                is_real_cat: false
                        },
                        {
                                name: '貓咪照片',
                                path: './images/slide-03.jpg',
                                is_cat_pic: true,
                                is_real_cat: true
                        },
                ]
        };
    }
});
app.mount('#app');
```

　　本例在 data 資料模型設置 imageList 用來儲存圖片列表資訊，在列表資訊中，每個陣列元素為 Object，各個 Object 建立 4 個屬性：

◉ name：資料類型為 String，作為「圖片名稱」變數

◉ path：資料類型為 String，作為「圖片路徑」變數

◉ is_cat_pic：資料類型為 Boolean，用於判斷照片中是否有貓

◉ is_real_cat：資料類型為 Boolean，用於判斷照片中的貓是否為實際的貓

```
<div id="app">
    <div
        class="img-container"
        v-for="(image, index) in imageList"
        v-bind:key="index"
    >
        <!-- 圖片名稱 -->
        {{ image.name }}<br/>
        <!-- v-if/v-else-if/v-else 文字顯示判斷 -->
        <span v-if="image.is_real_cat === true">
            有實際的貓，秀美喵照吧！
        </span>
        <span v-else-if="image.is_cat_pic === true">
            有貓的圖片
        </span>
        <span v-else>
            裡面沒有貓
        </span>
        <br/>
        <!-- v-if 圖片顯示判斷 -->
        <img v-bind:src="image.path" v-if="image.is_real_cat" />
    </div>
</div>
```

建立完資料模型後，可在<div id="app"> Element 裡，建立一個<div class="img-container"> Element，並透過 v-for 的方式進行列表資料綁定。在每個陣列元素的綁定進行以下設定：

◉ 圖片名稱：

在 v-for 陣列元素為 image，故圖片名稱以「image.name」的方式綁定。

- v-if/v-else-if/v-else 文字顯示判斷：

  - 首先，v-if 判斷式中使用 image.is_real_cat 是否為 true 來判斷，當結果為真值時，將顯示「有實際的貓，秀美喵照吧！」說明文字

  - 當 v-if 判斷為虛值時，將執行 v-else-if 的判斷式，v-else-if 使用 image.is_cat_pic 是否為 true 來判斷，當判斷結果為真值時，將顯示「有貓的圖片」說明文字

  - 當前 2 個判斷式判斷結果均為虛值時，則會渲染 v-else 綁定的 Element，故會顯示「裡面沒有貓」說明文字

- v-if 圖片顯示判斷

  本例中僅顯示具有實際貓的圖片，我們設置<img> Element 後，src 屬性綁定 image.path 圖片路徑，顯示控制部份使用 v-if 綁定 image.is_real_cat，當 image.is_real_cat 值為 true 時，則會渲染該照片。

2-6 $el 與 $refs

Vue.js 使用資料綁定後，雖然 HTML 裡 DOM 的更新變得更加容易，還是會有需要操作特定 DOM 的時候，例如：取得 DOM 的寬度、取得 DOM 的內容，可以使用 Vue.js 提供的 $el 或 $refs 屬性。由於這 2 個屬性參照了渲染出的 DOM，所以，須進入 Vue.js 生命週期的 Mounted 過後，才可從 $el 或 $refs 屬性進行 DOM 的操作。

🔍 $el 的使用方式

Vue.js 取得 $el 在 HTML 中的樣板語法如下：

```
this.$el
```

在 2.x 與 3.x 版本中有本質上的差異。2.x 版取得的是 Vue.js 綁定渲染的根 Element，3.x 版取得的是 Vue.js 綁定渲染 Element 裡的內容。差異表如下：

表 2-3　Vue.js $el 版本差異表

項目	Vue.js 2.x	Vue.js 3.x
資料型態	Element	Node
取得內容	綁定的根 Element	綁定渲染區域中的 Node 或 Element，具有以下情境： 1. 僅有 1 個根 Element 時，則取得的內容為「根 Element」 2. 開頭具有文字時，則取得的內容為「根文字 Node」 3. 內容具有多個根 Node 時，$el 將會佔用 DOM 節點，回傳 Node 或 Element，用以追蹤元件所在的位置使用

從上表所述，Vue.js 2.x 取得 $el 時，可直接取得已綁定的根 Element，便可針對該 Element 進行 DOM 的操作。Vue.js 3.x 取得後，由於是 Node 的關係，無法直接取得根 Element。若我們希望達到與 Vue.js 2.x 相同的操作，可以使用 Node 的 parentElement 屬性取得 Vue.js 根的 Element 進行操作，HTML 中的樣板語法如下：

```
this.$el.parentElement
```

Vue.js 3.x 中雖然可以藉由上述操作達到與 2.x 版本相同的功能，但是，在 Vue.js 中進行 DOM 的操作建議以接下來要介紹的 $refs 較為適當。

$refs 使用方式

當我們想取得 Vue.js 渲染區域中，特定的 Element 進行 DOM 操作時，可以使用 $refs。使用方式如下：

- 首先，在 Vue.js 渲染的區域內，選擇要進行 DOM 操作的 Element 處加入 ref 屬性，HTML 中的樣板語法如下：

```html
<div id="app">
    <div ref="[ref 名稱]"></div>
</div>
```

- Vue.js 程式碼取得 DOM 進行操作，JavaScript 程式碼如下：

```javascript
var app = Vue.createApp({
    data: function() {
        return {},
    },
    mounted() {
        console.log(this.$refs[ref 名稱])
    }
});
app.mount('#app');
```

當我們使用「this.$refs[ref 名稱]」取得後，使用「console.log()」便可發現取得為「<div ref="[ref 名稱]"></div>」。至此，便可針對此 Element 進行 DOM 操作了。

範例 2-9　$el 與 $refs 操作

圖 2-12　範例 2-9 網頁執行結果

範例 2-9 將帶讀者學習 $el 與 $refs 的使用。在範例中我們將依續觀看「HTML 頁面範圍」、「$el 範圍」與「$refs 範圍」，並取得 $el 範圍及 $refs 範圍中的寬高，將其顯示在網頁上，如圖 2-12 所示。

`JS` **JavaScript**　vue3/ch02/2-9/app.js

```javascript
var app = Vue.createApp({
    // Vue.js 資料模型
    data: function() {
        return {
            el: {
                width: 'N/A',
                height: 'N/A',
            },
            ref: {
                width: 'N/A',
                height: 'N/A',
            }
```

```
            };
        },
        // 當元件掛載完成時
        mounted() {
            // $el 裡的文字顏色改為 #666
            this.$el.parentElement.style.color = '#666';
            // 取得 $el 的寬/高
            this.el.width = this.$el.parentElement.clientWidth || 'N/A';
            this.el.height = this.$el.parentElement.clientHeight || 'N/A';
            // $refs['ref-example'] 裡的文字顏色改為 #999
            this.$refs['ref-example'].style.color = '#999';
            // 取得 $refs['ref-example'] 的寬/高
            this.ref.width = this.$refs['ref-example'].clientWidth || 'N/A';
            this.ref.height = this.$refs['ref-example'].clientHeight || 'N/A';
        }
    });
    app.mount('#app');
```

本例的資料模型中，建立 2 個屬性：

◉ el：資料型態為 Object，並於 Object 中建立 width 及 height 屬性，
用以儲存 $el 取得 Element 的寬/高。

◉ ref：資料型態為 Object，並於 Object 中建立 width 及 height 屬性，
用以儲存 $refs 取得 Element 的寬/高。

建立完成後，我們將使用勾子函式（Hook Function）－ mounted()
進行以下操作：

◉ 使用 $el 取得 Vue.js 綁定的 Element，將其間內容的顏色改為
「#666」，並取得 Element 的寬、高儲存至資料模型中。

◉ 使用 $refs 取得 ref 值為「ref-example」的 Element，將其間內容的
顏色改為「#999」，並取得 Element 的寬、高儲存至資料模型中。

```
<body>
    這裡是 HTML 頁面內容
    <div id="app">
        這裡是 $el 範圍內<br/>
        寬度：{{ el.width }}<br/>
        高度：{{ el.height }}
        <div ref="ref-example" class="ref-example">
            這裡是 $refs['ref-example'] 範圍內<br/>
            寬度：{{ ref.width }}<br/>
            高度：{{ ref.height }}
        </div>
    </div>
    <script src="https://cdn.jsdelivr.net/npm/vue@3.2.33/dist/
        vue.global.min.js"></script>
    <script src="./app.js"></script>
</body>
```

撰寫完 app.js 的程式後，我們在 HTML 中可看見 3 個區塊：

◉ <body> Element：為網頁內容的區域。

◉ <div id="app"> Element：為 Vue.js 綁定渲染內容的 Element，在 Element 中綁定資料「el.width」及「el.height」顯示此區域的寬、高。

◉ <div class="ref-example"> Element：為設置 ref 的 Element，在 Element 的屬性中加入 ref 屬性，並給予值「ref-example」。如此一來，便可在 Vue.js 程式中，透過 $refs 以「ref-example」名稱取得 Element 進行 DOM 操作。

表單輸入
及事件處理

03

本書第 2 章介紹了資料的登錄，本節將學習如何更新已登錄的資料。當我們於 Vue.js 中建立資料模型後，可將資料綁定至 HTML 樣版，由 Vue.js 的 ViewModel 幫我們作樣板的渲染及更新，其中，所建立的資料模型的資料為響應式資料，其更新的方式如下：

- Javascript 指派新值

  於勾子函式（Hook Function）或自定義方法（methods）中，以 this 取資料模型中的屬性值指定新值，將於本書 3-1 節詳細介紹。

- 表單元件輸入新值

  使用 HTML 的表單元件，以 v-model 的方式進行資料綁定，當表單進行輸入時，Vue.js 會將表單更新的值更新至綁定的資料，將於本書 3-2 節詳細介紹。

3-1 更新響應式資料

🔍 資料更新基礎操作

Vue.js 使用 Option API 的 data Option 建立資料模型，其資料模型中的各個屬性均具備響應式資料的特性。本節先建立 data 變數，作為 Vue.js 資料模型，供後續介紹如何更新的基礎資料模型，假設在 JavaScript 中有變數 data 作為資料模型，程式碼如下：

```
var data = {
    message: 'origin message',
};
```

已建立的變數 data 作為資料模型要註冊至 Vue.js 時，Vue.js 2.x 及 Vue.js 3.x 註冊語法分別如下：

JS JavaScript

Vue.js 2.x	Vue.js 3.x
```var app = new Vue({ el: '#app', data: data })```	```var app = Vue.createApp({ data: function() { return data }, }); app.mount('#app');```

當我們在 Vue.js 中使用 Javascript 更新資料時，可於以下地方以 this 取得資料模型中的屬性，並賦予新的值：

◉ Vue.js 生命週期的勾子函式（Hook Function），例：

```
---(略)---
mounted() {
    this.message = 'mounted message';
},
```

```
---(略)---
```

◉ Option API 的 mdthods Option 裡的 Function，例：

```
---(略)---
methods: {
    updateMessage() {
        this.message = 'update message';
    },
},
---(略)---
```

🔍 Vue.js 2.x 外部資料更新

　　Vue.js 框架在實現響應式資料時，Vue.js 2.x 使用傳統的 Object.defineProperty 來實現；Vue.js 3.x 使用 ES6 的 Proxy 語法來實現。雖然兩種方式均可達到監聽資料變化，即時重新渲染樣版的效果，在瀏覽器的支援及更新效率上有著差異。如表 3-1 所示，由於 2.x 版使用 ES5 可支援的語法，故在支援度上較 3.x 版本好。3.x 版本由於瀏覽器逐漸開始支援 ES6 的 Proxy 語法，故開發者使用了更新的語法進行開發，使 Vue.js 在更新效率表現得更佳。

表 3-1　Vue.js 響應式資料差異表

項目	Vue.js 2.x	Vue.js 3.x
建構方式	使用傳統的 Object.defineProperty	使用 ES6 的 Proxies
支援 IE 11	是	否
更新效率	較低	較高
資料登錄方式	Object	Function

　　除了效能與支援度的差異外，由於 Vue.js 3.x 在資料的登錄方式不同，Vue.js 2.x 的資料模型可於 Vue.js 實體外部進行資料的更新。延續前面的資料模型，在 Vue.js 2.x 可以改寫如下：

JS JavaScript vue2/ch03/3-1-responsive-data/app.js

```javascript
var data = {
    message: 'origin message',
};
var app = new Vue({
    el: '#app',
    data: data
})
data.message = 'outside update';
```

從上面的程式碼可看見，我們宣告了一個 data 變數，並以 data 變數註冊至 Vue.js 的資料模型，並於 Vue.js 外部將 data 變數中的 message 屬性改為「outside update」。

JS JavaScript vue2/ch03/3-1-responsive-data/index.html

```html
---(略)---
<div id="app">
    <!-- Vue Render 有效區域 -->
    {{ message }}
</div>
---(略)---
```

當將 message 綁定至 HTML 樣板中，並執行網頁後，其顯示結果如圖 3-1。此時，會發現網頁顯示的文字為「outside update」。這是由於 Javascript 變數的參照特性，故我們以 data 變數指定給 Vue.js 當資料模型時，即便在 Vue.js 實體外部更改 message 屬性，其資料模型的 message 屬性也會跟著變更為「outside update」。

3-2 資料雙向綁定 – v-model

表單元件資料綁定與更新

當使用者在 HTML 網頁裡的表單元件輸入或選擇時，我們期望使用者所輸入或選擇的值能夠同時更新至 Vue.js 的資料模屬時，可以在表單的 Element 屬性中加入「v-model」進行雙向綁定。在 HTML 裡的樣版語法如下：

```
v-model="[ 資料模型屬性 ]"
```

v-model 語法實際上，幫我們進行了 2 項處理，以下我們將以雙向綁定 bindText 至文字方塊為例說明：

◉ 表單元件的 value 屬性資料綁定

首先，v-model 會綁定表單元件的 value 值，將資料模型屬性值帶入表單元件中，故在<input> Element 中。第一步等同於使用「v-bind:value="bindText"」，在 HTML 裡的樣版語法如下：

```
<input type="text" v-bind:value="bindText">
```

◉ input 事件連結

v-model 進行資料綁定後，Vue.js 同時監聽了<input> Element 的 input 事件，並取得使用者輸入文字更新至綁定的資料模型屬性值－「bindText」。舉例來說，當使用者在文字方塊輸入「Hi, Vue.js」後，Vue.js 實體將會收到值並將「Hi, Vue.js」更新至 bindText，此步驟可使用 Vue.js 在 HTML 裡的樣版語法如下：

```
<input type="text" v-on:input="bindText = $event.target.value">
```

上述程式碼中，使用了 v-on 綁定 input 事件，有關 v-on 的部份會在本章後面有更進一步的講解。

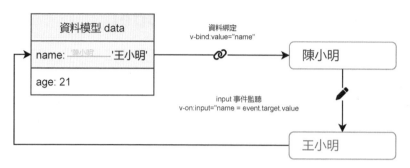

圖 3-1　資料雙向綁定概念圖

綜合以上兩個步驟整理如圖 3-1 所示，假設資料模型中有 name 屬性，v-model 綁定 name 屬性至表單元件後，表單元件透過資料模型（data）取得綁定屬性值作為預設值，當使用者輸入時，便會觸發 input 事件，並將輸入的值寫入資料模型（data）的 name 屬性，達到資料雙向綁定的特性。接下來，將開始介紹 Vue.js 使用各類表單元件的基礎雙向綁定操作。

🔍 基礎表單操作 – 單行文字（text）

以下為單行文字（text）的資料綁定範例：

🔲 HTML5 vue3/ch03/3-2-basic-form/1-text/index.html

```
<input v-model="message" type="text">
```

單行文字（text）進行雙向資料綁定時，在資料模型（data）建立的變數須為「字串（String）」的資料型態。屬性的初始值雖可設置字串外的資料型態值，例：數字（Number）、布林（Boolean）或陣列（Array）。但是，當使用者編輯後，該變數的值均會變為字串，故建議使用時，初始預設值以「字串」較為適合。若初始為空值時，可設為空字串。以下為資料模型建立的程式範例：

```javascript
var app = Vue.createApp({
    // Vue.js 資料模型
    data: function() {
        return {
            message: '',
        };
    }
});
app.mount('#app');
```

🔍 基礎表單操作 – 多行文字（textarea）

以下為多行文字（textarea）的資料綁定範例：

HTML5　vue3/ch03/3-2-basic-form/2-textarea/index.html

```html
<textarea v-model="content"></textarea>
```

多行文字（textarea）與單行文字相同，綁定設置的預設值建議為「字串（String）」，其範例程式碼如下：

JS JavaScript　vue3/ch03/3-2-basic-form/2-textarea/app.js

```javascript
var app = Vue.createApp({
    // Vue.js 資料模型
    data: function() {
        return {
            content: '',
        };
    }
});
app.mount('#app')z
```

🔍 基礎表單操作 – 核取方塊（checkbox）

核取方塊（checkbox）在使用 v-model 進行資料雙向綁定時，每一個選項均會綁定同一個資料模型（data）的屬性。在本例中 A、B 及 C 三個選項均綁定「checkValue」屬性。程式碼如下：

HTML5 vue3/ch03/3-2-basic-form/3-checkbox/index.html

```html
<label><input type="checkbox" v-model="checkValue" value="A">
    選項 A</label>
<label><input type="checkbox" v-model="checkValue" value="B">
    選項 B</label>
<label><input type="checkbox" v-model="checkValue" value="C">
    選項 C</label>
```

核取方塊（checkbox）在表單元件中屬於多選的選擇元件，故當所綁定的資料型態為「陣列」，程式碼如下：

JS JavaScript vue3/ch03/3-2-basic-form/3-checkbox/app.js

```javascript
var app = Vue.createApp({
    // Vue.js 資料模型
    data: function() {
        return {
            checkValue: [],
        };
    }
});
app.mount('#app');
```

當使用者點選核取方塊後，當為選擇時，Vue 實體會將其選項的 value 值存至雙向綁定的變數中；反之，當使用者取消選擇時，選項的 value 值將會從綁定的變數中移除。例：當使用者點選「選項 A」與「選項 C」後，Vue 實體會將選項 A 的「A」值及選項 C 的「C」值分別新

增至資料模型的 checkValue 陣列中；之後，當使用者取消選擇選項 A
後，則「A」會從 checkValue 中移除。

基礎表單操作 – 單選圓鈕（radio）

單選圓鈕（radio）在使用時，資料的綁定方式與核取方塊
（checkbox）相同，所有的選項均綁定同一個資料模型屬性。範例程式
如下：

HTML5　vue3/ch03/3-2-basic-form/4-radio/index.html

```html
<label><input type="radio" value="a" v-model="radioValue"> A</label>
<label><input type="radio" value="b" v-model="radioValue"> B</label>
<label><input type="radio" value="c" v-model="radioValue"> C</label>
```

單選圓鈕為單選的選擇，所以建立資料模型的屬性時，資料型態須
與選項的 value 相同，一般設為「文字（String）」，其範例程式如下：

JavaScript　vue3/ch03/3-2-basic-form/4-radio/app.js

```javascript
var app = Vue.createApp({
    // Vue.js 資料模型
    data: function() {
        return {
            radioValue: '',
        };
    }
});
app.mount('#app');
```

🔍 基礎表單操作 – 單選選單（select）

單選選單（select）在使用時，資料雙向綁定在<select> Element 上，選項的值定義在<option> Tag 中，範例程式如下：

HTML5 vue3/ch03/3-2-basic-form/5-single-select/index.html

```html
<select v-model="selectValue">
  <option disabled="disabled">請選擇</option>
  <option value="a">A</option>
  <option value="b">B</option>
  <option value="c">C</option>
</select>
```

單選選單（select）與單選圓鈕（radio）皆為單一選擇的表單元件，所以建立資料模型的屬性時，資料型態與單選圓鈕（radio）相同，一般為「字串（Sting）」資料型態。範例程式如下：

JS JavaScript vue3/ch03/3-2-basic-form/5-single-select/app.js

```javascript
var app = Vue.createApp({
    // Vue.js 資料模型
    data: function() {
        return {
            selectValue: ''
        };
    }
});
app.mount('#app');
```

基礎表單操作 – 多選選單（select）

多選選單（select）在使用時，資料雙向綁定在 <select> Element 上，選項的值定義在 <option> Tag 中，範例程式如下：

HTML5 vue3/ch03/3-2-basic-form/6-multi-select/index.html

```html
<select v-model="selectValue" multiple>
  <option value="a">A</option>
  <option value="b">B</option>
  <option value="c">C</option>
</select>
```

多選選單（select）與核取方塊（checkbox）皆為多重選擇的表單元件，所以建立資料模型的屬性時，資料型態與核取方塊（checkbox）相同，須設置為「陣列（Array）」資料型態。範例程式如下：

JavaScript vue3/ch03/3-2-basic-form/6-multi-select/app.js

```javascript
var app = Vue.createApp({
    // Vue.js 資料模型
    data: function() {
        return {
            selectValue: [],
        };
    }
});
app.mount('#app');
```

基礎表單操作 – 表單元件的選項

由於表單中的選項在 HTML 中通常格式相同，僅有選項文字及值會不相同，故可以在資料模型中建立 options 屬性，以陣列的方式記載選項資訊。以核取方塊（checkbox）為例，Vue.js 的資料模型（data）改寫如下：

JS JavaScript vue3/ch03/3-2-basic-form/3-checkbox-options/app.js

```javascript
var app = Vue.createApp({
    // Vue.js 資料模型
    data: function() {
        return {
            checkValue: [],
            options: [
                { text: 'A', value: 'A' },
                { text: 'B', value: 'B' },
                { text: 'C', value: 'C' },
            ]
        };
    }
});
app.mount('#app');
```

改寫完成後，原本的 checkbox 表單元件將改以 v-for 的方式進行資料雙向綁定，改寫程式如下：

HTML5 vue3/ch03/3-2-basic-form/3-checkbox-options/index.html

```html
<label v-for="(option, index) in options" :key="index">
    <input
        type="checkbox"
        v-model="checkValue"
        value="option.value"
    />
    {{ option.text }}
</label>
```

表單的選項以陣列表示具有以下優點，建議讀者可多多使用：

◉ 無須撰寫重覆的 HTML 程式

◉ 方便程式動態產生選項清單

◉ 選項的值可為「字串（String）」以外的資料型態，例：數字
（Number）、布林（Boolean）…等。

3-3 事件處理 – v-on

HTML 網頁介面除了資訊的顯示外，也有與使用者互動的元件。
在這些互動式操作中，Javascript 可使用 addEventListener 監聽網頁內
的 DOM 事件（DOM Event）並撰寫處理程式。常用 DOM 事件如下表
所示：

表 3-2　常用 DOM 事件彙整表

DOM 事件	說明
click	滑鼠點擊事件
mouseover	滑鼠滑入事件
mouseleave	滑鼠滑出事件
scroll	滑動事件
keyup	鍵盤事件
change	表單輸入值的變化 => MVVM 的架構中，基本上不需手動更新 DOM 裡的值，若手動更新通常會是錯的。

Vue.js 中，我們可以使用「v-on」 來進行事件的監聽，在 HTML
裡的樣版語法如下：

```
v-on:[DOM Event]="[method 方法名稱] / Javascript 單行表示式"
```

「v-on:」在 Vue.js 中可以簡寫成「@」，故上述語法在 HTML 裡
的樣版語法可改寫如下：

```
@[DOM Event]="[method 方法名稱] / Javascript 單行表示式"
```

使用 v-on 監聽 DOM 事件可帶的內容有 2 種：

◉ Vue.js 實體的 methods 的方法

舉例來說，在 Vue.js 的 methods 建立了 onClick 方法，JavaScript 程式如下：

```
var app = Vue.createApp({
    // Vue.js 方法
    methods: onClick() {
        alert('this is a button click example');
    }
});
app.mount('#app');
```

建立完成後，便可使用 v-on 監聽 Button 的「click」DOM 事件，當按鈕被點擊後執行「onClick」方法，在 HTML 裡的樣版語法可改寫如下：

```
<!-- v-on 寫法 -->
<button v-on:click="onClick"> Click </button>
<!-- @ 縮寫寫法 -->
<button @click="onClick"> Click </button>
```

◉ Javascript 單行表示式

除了直接帶入 method 方法名稱外，還可以使用單行表示式。舉例來說，我們於網頁裡設置圖片，並想讓圖片於讀取完成時才顯示，可以監聽<img> Element 的 load 事件，使用 Javascript 單行表示式改寫資料模型裡的屬性，在 HTML 裡的樣版語法可改寫如下：

```
<img
    src="./img.jpg"
    v-on:load="show = true"
    v-bind:style="{ display: show == true ? 'inline' : 'none' }"
/>
```

此外，我們也可使用 method 的方法，並帶入方法中的參數。舉例來說，我們在 Vue.js 中建立了 add 方法，JavaScript 程式碼如下：

```javascript
var app = Vue.createApp({
    // Vue.js 資料模型
    data: function() {
        return {
            count: 0,
        };
    }
    // Vue.js 方法
    methods: add (value) {
        this.count += value;
    }
});
app.mount('#app');
```

此時，我們可以在按鈕中以 Javascript 單行表示式，設置當每次點擊時，count 便會加「2」，在 HTML 裡的樣版語法如下：

```html
<button @click="add(2)"> Click </button>
```

範例 3-3　編輯人員清單

圖 3-2　編輯人員清單範例執行圖

範例 3-3 將透過製作「編輯人員表單」學習在 Vue.js 的樣版中監聽及處理滑鼠點擊（click）DOM 事件。在範例中，將會建立以下部份：

- 建立表單輸入區域，供使用者輸入人員資訊

- 於輸入區域安置「新增」按鈕，供使用者點選後新增人員資料

- 建立人員清單顯示區域，供使用者瀏覽人員清單

- 於顯示區域每個人員項目安置「刪除」按鈕，供使用者刪除人員

範例 3-3 Vue.js 程式如下：

JS JavaScript vue3/ch03/3-3/app.js

```javascript
var app = Vue.createApp({
    // Vue.js 資料模型
    data: function() {
        return {
            name: '',
            age: '',
            list: [
                { name: '王大明', age: 25 }
            ]
        };
    },
    methods: {
        add() {
            this.list.push({
                name: this.name,
                age: this.age
            });
        },
        remove(index) {
            this.list.splice(index, 1);
        }
    }
});
app.mount('#app');
```

首先，在資料模型部份建立以下屬性：

◉ name：資料型態為「字串」，用於儲存表單輸入的姓名資訊

◉ age：資料型態為「字串」，用於儲存表單輸入的年齡資訊

◉ list：資料型態為「陣列」，用於儲存人員清單資訊，陣列中每個
項目為 Object 資料型態，儲存姓名及年齡資訊

建立完資料模型後，在 methods 建立 2 個方法：

◉ add() 方法用於當使用者輸入完成時，點選「新增」按鈕用。在方
法中，以 this.name 及 this.age 的方式，取得使用者輸入的資訊，
並將資訊新增至 list 屬性的陣列中。

◉ remove(index)方法作為刪除人員使用

HTML5 vue3/ch03/3-3/index.html

```html
<div id="app">
    姓名：<input type="text" v-model="name">
    年齡：<input type="text" v-model="age">
    <button v-on:click="add">新增</button>
    <br/><br/>
    <ul>
        <li v-for="(item, index) in list" v-bind:key="index">
            姓名：{{ item.name }}
            年齡：{{ item.age }}
            <button v-on:click="remove(index)">刪除</button>
        </li>
    </ul>
</div>
```

在 HTML 樣板中的撰寫說明如下：

◉ 設置「姓名」與「年齡」表單元件

以<input> Element 建立 2 個文字方塊表單元件，並且分別使用 v-model 綁定資料模型的 name 及 age 屬性，儲存使用者輸入的姓名及年齡資訊

◉ 設置「新增」按鈕

以<button> Element 建立「新增」按鈕，並使用 v-on:click 監聽滑鼠點擊 DOM 事件，當事件觸發時，便會執行 add 方法，新增使用者輸入的「姓名」及「年齡」至資料模型的 list 屬性

◉ 顯示人員清單

建立<ul> Element 顯示區域，在其中設置<li> Element 使用 v-for 的方式，綁定資料模型的 list 列表資料，並將各元素進行以下資料綁定操作：

• 以文字綁定方式 item.name 顯示姓名資訊

• 以文字綁定方式 item.age 顯示年齡資訊

• 以<button> Element 建立「刪除」按鈕，並使用 v-on:click 監聽渦鼠點擊 DOM 事件。在觸發事件時，執行 remove 方法時，帶入 v-for 的 index 值，讓 remove 方法刪除特定 index 的人員資訊

範例 3-4　圖片上傳

圖 3-3　檔案上傳 – 上傳前

範例 3-4 將透過製作「圖片上傳」學習在 Vue.js 的樣版中監聽及處理表單元件變更（change）DOM 事件。在範例中，將會建立以下部份：

⊙ 建立上傳表單元件，讓使用者選取圖片

⊙ 建立圖片顯示區域

範例 3-4Vue.js 程式如下：

JS JavaScript vue3/ch03/3-4/app.js

```javascript
var app = Vue.createApp({
    // Vue.js 資料模型
    data: function() {
        return {
            preview: ''
        };
    },
    methods: {
        handleChange(event) {
            var file = event.target.files[0];
            if(file && file.type.match(/^image\/(png|jpeg)$/)) {
                this.preview = window.URL.createObjectURL(file);
            }
        }
    }
});
app.mount('#app');
```

首先，在資料模型部份建立以下屬性：

⊙ preview：儲存圖片內容

建立完資料模型後，在 methods 建立以下方法：

◉ handleChange() 方法用於當使用者選取圖片完成時，將選取的圖片內容轉成 base64 資訊存入資料模型的 preview 屬性

HTML5 vue3/ch03/3-4/index.html

```
<div id="app">
    <input type="file" v-on:change="handleChange">
    <img v-if="preview" v-bind:src="preview">
</div>
```

在 HTML 樣板中的撰寫說明如下：

◉ 建立「檔案上傳」表單元件

以<input> Element 建立「上傳檔案」表單元件，並使用 v-on:change 監聽表單元件變化 DOM 事件，當使用者選擇圖片檔後，隨即會執行 handleChange 方法，將圖片內容轉為 base64 資訊存入資料模型的 preview 屬性

◉ 「圖片」顯示

於樣板中設置<img> Element 進行以下處理：

- 使用 v-if 判斷 preview 是否為空值的方式，當有內容值時才顯示
- 圖片來源內容以 v-bind:src 的方式，將 preview 的資訊綁定至 src 屬性

以上程式建立完成後，執行結果如圖 3-3 所示。當使用者選擇檔案後，顯示圖片結果如圖 3-4 所示。

圖 3-4　選擇檔案後顯示圖片

範例 3-5　樣式切換

圖 3-5　滑鼠滑入前畫面

圖 3-6　滑鼠滑入後畫面

範例 3-5 將透過「樣式切換」學習在 Vue.js 的樣版中監聽及處理滑鼠滑入（mouseover）及滑鼠滑出（mouseleave）DOM 事件。在範例中，將會建立以下部份：

◉ 建立圖片清單

◉ 當滑鼠滑入圖片時，變更樣式顯示圖片名稱

◉ 當滑鼠滑出圖片時，變更樣式隱藏圖片名稱

範例 3-5 Vue.js 程式如下：

JS JavaScript vue3/ch03/3-5/app.js

```javascript
var app = Vue.createApp({
    // Vue.js 資料模型
    data: function() {
        return {
            imageList: [
                { src: "./images/slide-01.jpg", name: '圖片 01',
                  isShow: false },
                { src: "./images/slide-02.jpg", name: '圖片 02',
                  isShow: false },
                { src: "./images/slide-03.jpg", name: '圖片 03',
                  isShow: false },
                { src: "./images/slide-04.jpg", name: '圖片 04',
                  isShow: false },
                { src: "./images/slide-05.jpg", name: '圖片 05',
                  isShow: false },
            ]
        };
    },
    methods: {
        showName(index) {
            this.imageList[index].isShow = true;
        },
        hiddenName(index) {
```

```
                this.imageList[index].isShow = false;
            }
        }
});
app.mount('#app');
```

首先，在資料模型部份建立以下屬性：

◉ imageList：資料型態為「陣列」，用於記錄圖片清單資訊。每個
圖片項目均有以下 3 個屬性：

- src：記錄圖片路徑

- name：記錄圖片名稱

- isShow：布林值，是否顯示圖片名稱。true 為顯示，false 為隱藏。

建立完資料模型後，在 methods 建立以下方法：

◉ showName(index)方法由帶入的 index 值，更新特定的圖片 isShow
值為 true

◉ hideName(index) 方法由帶入的 index 值，更新特定的圖片 isShow
值為 false

HTML5 vue3/ch03/3-5/index.html

```
<div id="app">
    <div
        class="card"
        v-for="(item, index) in imageList"
        v-on:mouseover="showName(index)"
        v-on:mouseleave="hiddenName(index)"
    >
        <img :src="item.src" class="card-img-top">
        <div class="card-body" v-if="item.isShow">{{item.name}}</div>
    </div>
</div>
```

在 HTML 樣板中設置<div class="card"> Element 使用 v-for 的方式，綁定資料模型的 imageList 列表資料，各個項目進行以下操作：

◎ 圖片顯示

以<img> Element 建立圖片，並以 v-bind:src 的方式綁定 item.src 圖片路徑資訊。

◎ 圖片名稱顯示

建立<div class="card-body"> Element，以 v-if 控制當 item.isShow 為 true 時，才讓標題顯示。其內容綁定 item.name 圖片名稱。

◎ 監聽滑鼠滑入/滑鼠滑出 DOM 事件

<div class="card"> Element 以 v-for 的方式渲染，為根 Element。由於我們希望當滑鼠滑入或滑出<div class="card"> Element 範圍時觸發，故須在此處進行以下處理：

● 以 v-on:mouseover 監聽滑鼠滑入事件，讓滑鼠滑入時執行 showName(index)方法，帶入 index 方法找出對應的圖片資訊，並 isShow 為 true。當圖片資訊更新後，畫面會重新渲染。此時，<div class="card-body"> Element 判斷的 isShow 為 true，故圖片名稱將於頁面中渲染出來，如圖 3-5 所示。

● 以 v-on:mouseleave 監聽滑鼠滑出事件，讓滑鼠滑出時執行 hideName(index)方法，帶入 index 方法找出對應的圖片資訊，並 isShow 為 false。當圖片資訊更新後，畫面會重新渲染。此時，<div class="card-body"> Element 判斷的 isShow 為 false，故圖片名稱將於頁面中隱藏，如圖 3-6 所示。

3-4 事件處理修飾子

在傳統的網頁開發進行 Javascript 事件處理時，除了監聽 DOM 事件外，也常需要進行額外的事件判斷與處理，例如：判斷滑鼠點選左右鍵、判斷點擊 Enter 鍵…等。Vue.js 為了要讓事件監聽的處理方法能更專注處理資料邏輯，建立了許多的修飾子供我們使用。本節將介紹與 v-on 事件處理有關的修飾子，大致上可分為「事件修飾子」、「滑鼠事件修飾子」與「按鍵修飾子」。

🔍 事件修飾子

Vue.js 使用 v-on 監聽 DOM 事件時，提供了事件修飾子協助開發人員進行 DOM 事件的執行流程處理。事件修飾子整理如下表：

表 3-3　滑鼠事件修飾子整理

修飾子	使用效果
.stop	呼叫 event.stopPropagation()，可阻止點擊事件往父層傳播
.prevent	呼叫 event.preventDefault() ，可防止瀏覽器預設行為
.capture	子 Element 觸發事件時，會先執行 .capture 的部份
.once	僅執行一次
.self	只有 event.target 為自己（ event.target === event.currentTarget ）時，才寫發執行處理
.passive	指定觸發瀏覽器預設行為

事件修飾子在 HTML 裡的樣版語法如下：

```
v-on:[DOM 事件].[修飾子名稱]="[執行方法/Javascript 單行表示式]"
```

表單輸入及事件處理

🔍 滑鼠事件修飾子

監聽滑鼠點擊 DOM 事件 – click 時，如果希望更精準地確認使用者點擊滑鼠上的特定按鍵，可搭配滑鼠事件修飾子，Vue.js 可用的滑鼠事件修飾子整理如下表：

表 3-4　滑鼠事件修飾子整理

修飾子	點選滑鼠按鍵
.left	滑鼠左鍵
.right	滑鼠右鍵
.middle	滑鼠中間鍵

滑鼠修飾子在 HTML 裡的樣版語法如下：

```
v-on:click.[修飾子名稱]="[執行方法/Javascript 單行表示式]"
```

以下說明前，先在 Vue.js 建立 showMsg()方法，作為後續說明使用，其 JavaScript 程式如下：

```
var app = Vue.createApp({
    methods: {
        showMsg(message) {
            alert(message);
        }
    }
});
app.mount('#app');
```

以滑鼠點擊右鍵時，在 HTML 裡的樣版語法如下：

```
<div v-on:click.right="showMsg('點擊滑鼠右鍵')"></div>
```

事件修飾子可以進行疊加，例如：滑鼠點擊右鍵執行一次時在 HTML 裡的樣版語法如下：

```
<div v-on:click.right.once="showMsg('點擊滑鼠右鍵一次')"></div>
```

在 DOM 事件處理時，當 event.target 的父層 Element 有監聽同樣的事件時，事件會傳至父層的 Element 進行處理。以下面 HTML 中的樣板語法為例：

```
<div v-on:click="showMessage('父層 DIV')">
    <div v-on:click="showMessage('event.target')">點擊對象</div>
</div>
```

此時，若要阻止此狀況的發生，可使用「.stop」事件修飾子，在 HTML 裡的樣版語法可改寫如下：

```
<div v-on:click="showMessage('父層 DIV')">
<div v-on:click.stop="showMessage('event.target')">
    點擊對象
</div>
</div>
```

按鍵修飾子

當我們監聽 DOM 事件－keyup 或 keydown 時，有時得判斷使用者按的按鍵，例如：在文字方塊中按「Enter」後，會直接執行送出。這類型的判斷在傳統 Javascript 中，須在監聽執行的方法中特別判斷按鍵的 Code。

Vue.js 為了讓事件監聽的處理方法能更專注處理資料邏輯，在使用 v-on 監聽 DOM 事件－keyup 或 keydown 時，提供了按鍵修飾子搭配使用，讓開發人員可以準確地監聽使用者在頁面中按了鍵盤中的按鍵，無須在客製化方法中特別判斷。Vue.js 中可用的按鍵修飾子整理如下表：

表 3-5 按鍵修飾子整理

修飾子	Windows 點選按鍵	MacOS 點選按鍵
.up	「向上」鍵	「向上」鍵
.down	「向下」鍵	「向下」鍵

修飾子	Windows 點選按鍵	MacOS 點選按鍵
.left	「向左」鍵	「向左」鍵
.right	「向右」鍵	「向右」鍵
.enter	「Enter」鍵	「Enter」鍵
.tab	「Tab」鍵	「Tab」鍵
.space	「空白」鍵	「空白」鍵
.esc	「Esc」鍵	「Esc」鍵
.delete	「Delete」鍵或「back」鍵	「Delete」鍵或「back」鍵
.shift	「Shift」鍵	「Shift」鍵
.ctrl	「Ctrl」鍵	「Ctrl」鍵
.alt	「Alt」鍵	「Option」鍵
.meta	「Windows」鍵（⊞）	「command」鍵（⌘）

按鍵修飾子的使用語法如下：

```
<!-- 使用 keyup -->
v-on:keyup.[修飾子名稱]="[執行方法/Javascript 單行表示式]"
<!-- 使用 keydown -->
v-on:keydown.[修飾子名稱]="[執行方法/Javascript 單行表示式]"
```

按鍵修飾子除了可以使用修飾子外，也可將修飾子改為 keycode 的方式，以 Enter 為例，keycode 為 13，故使用時在 HTML 中以下的樣板語法均可達到相同的效果：

```
<!-- 按鍵修飾子 -->
<input type="text" v-on:keyup.enter="onKeyupEnter" />
<!-- Keycode -->
<input type="text" v-on:keyup.13="onKeyupEnter" />
```

範例 3-6 方塊動動動

圖 3-7　移動前後圖（左：移動前，右：移動後）

範例 3-6 將透過「方塊動動動」學習在 Vue.js 的樣版中監聽鍵盤按下（keydown）DOM 事件時，如何搭配按鍵修飾子一同應用。在範例中，將會建立以下部份：

◉ 建立方塊

◉ 在方塊中監測使用者按「上」、「下」、「左」及「右」鍵時，改變方塊的位置

範例 3-6 Vue.js 程式如下：

JS JavaScript　vue3/ch03/3-6/app.js

```javascript
var app = Vue.createApp({
    // Vue.js 資料模型
    data: function() {
        return {
            top: 50,
            left: 50,
        };
    },
    methods: {
```

```
        moveY(value) {
            this.top += value;
        },
        moveX(value) {
            this.left += value;
        }
    }
});
app.mount('#app');
```

首先，在資料模型部份建立以下屬性：

◉ top：資料型態為「數字」，用於記錄方塊距離視窗上方的距離。

◉ left：資料型態為「數字」，用於記錄方塊距離視窗左方的距離。

建立完資料模型後，在 methods 建立以下方法：

◉ moveY(value)方法用於更新方塊在頁面中蹤軸的位置，當帶入的參數 value 為正數時，方塊會往下移動；反之，為負數時，方塊將往上移動。

◉ moveY(value)方法用於更新方塊在頁面中橫軸的位置，當帶入的參數 value 為正數時，方塊會往右移動；反之，為負數時，方塊將往左移動。

HTML5 vue3/ch03/3-6/index.html

```
<div id="app">
    <input
        class="item"
        value="移動我"
        @keydown.down="moveY(10)"
        @keydown.up="moveY(-10)"
        @keydown.left="moveX(-10)"
        @keydown.right="moveX(10)"
```

```
        :style="{ top: `${top}px`, left: `${left}px` }"
    />
</div>
```

在 HTML 樣板中設置<input> Element 後，進行以下操作：

◉ 方塊樣式動態產生

方塊要可以在頁面中移動的效果，需要利用 CSS 的 top 及 left 屬性幫方塊進行定位。此處，我們以 v-bind:style 的方式，給予 Object 的值，並將 top 及 left 的數值，綁定資料模型中的 top 及 left 屬性，讓 Vue.js 進行動態運算。

◉ 監聽使用者點選方向鍵及其位移處理

使用者按下鍵盤事件為 keydown，透過按鍵修飾子，我們可精確的監聽使用者按下特定按鍵，並進行以下處理：

- .down 修飾子搭配@keydown 監聽使用者點選「向下」鍵。當事件觸發時執行 moveY(10)，增加方塊距離視窗上方的距離。

- 以.up 修飾子搭配@keydown 監聽使用者點選「向上」鍵。當事件觸發時執行 moveY(-10)，降低方塊距離視窗上方的距離。

- 以.left 修飾子搭配@keydown 監聽使用者點選「向左」鍵。當事件觸發時執行 moveX(-10)，降低方塊距離視窗左方的距離。

- 以.right 修飾子搭配@keydown 監聽使用者點選「向右」鍵。當事件觸發時執行 moveX(10)，增加方塊距離視窗左方的距離。

由以上各方法更新完位置資訊後，Vue.js 由於資料雙向綁定的緣故，會於資料更新後，進行畫面重新渲染，自然地達成了當使用者點按下「向上」、「向下」、「向左」或「向右」鍵時，方塊將依使用者所按的方向移動。

本例程式執行後，起始位置如圖 3-7（左）所示，方塊位於左上。當我們點取方塊，透過按方向鍵的方式，便可移動方塊至右下如圖 3-7（右）所示。

資料客製化
及監聽

撰寫網頁的處理可分為資料顯示處理及操作流程處理，本書第 2 章及第 3 章已分別介紹了基礎的使用方式，本章將針對此二部份更地一步地介紹：

◉ Vue.js 資料顯示處理

首先得建立資料模型，建立完成後可將資料綁定至樣板，執行後可使資料顯示於網頁中。網頁顯示內容中，常有許多顯示資訊須從原始資料進行額外的程式處理，進渲染至頁面中。Vue.js 為了讓樣板更簡潔易讀，提供了 Option API－computed 及 filter，這將分別於本章 4-1 及 4-2 說明。

◉ 操作流程處理

Vue.js 中的操作流程處理，開發人員可透過 v-on 監聽 DOM 事件並綁定方法進行客製化處理。此外，仍有監聽資料變化的需求，Vue.js 也替開發人員考慮了，設計了 Option API－watch 及 $nextTick 的全域方法，協助開發人員進行資料的監聽及處理，這部份將分別於 4-3 及 4-4 進行說明。

4-1 自定義組合變數 – computed

Option API – computed 基礎

使用 Option API－computed 建立自定義組合變數時，須先定義 computed 參數名稱，其後帶的方法（function）可稱為 computed 的 handler，handler 中不論計算程式簡單或複雜與否，必須在最後 return 計算的結果。其語法如下：

JS JavaScript

```javascript
(--略--)
    computed: {
        // 計算並指定參數名稱
        [computed 參數名稱]: function() {
            const computedValue = [計算程式]
            return computedValue;
        }
    }
(--略--)
```

建立完成的自義定組合變數後，於樣板中的綁定方式與資料模型屬性（Option API－data）相同，其語法如下：

HTML5

```html
(--略--)
    <p>{{ [computed 參數名稱 / Javascript 表示式] }}</p>
(--略--)
```

Option API－computed，幫助我們將資料處理邏輯的程式集中至 Javascript，樣板專注於資料屬性的綁定，使開發人員在讀樣板程式碼時，變得更簡潔易讀。舉例來說，Vue.js 實體有以下的資料：

JS JavaScript

```javascript
// (---略---)
    data: function() {
        return {
            firstName: '小明',
            lastName: '陳',
            haveMoney: 500,
            usedMoney: 133
        };
    },
// (---略---)
```

當我們想在網頁中顯示一段文字包含全名及金錢使用率時，按照截至目前為止所學習的方式，可直接在 HTML 頁面中綁定資料屬性，需計算的部份，可直接以 Javascript 表示式的方式直接計算，程式碼如下：

HTML5

```html
<!-- 綁定程式碼： -->
{{ lastName }}{{ firstName }} 擁有 {{ haveMoney }} 元，
使用了 {{ usedMoney }} 後，
錢的使用率為 {{ ( usedMoney / haveMoney ) * 100 }} %
<!-- 執行結果： -->
<!-- 陳小明 擁有 500 元，使用了 133 後，金錢使用率為 26.6 % -->
```

在上述程式碼中，由於全名及金錢使用率均以 Javascript 表示式撰寫，雖然也可達到預期效果，但是，增加了樣板程式閱讀的複雜度，此時我們可以透過 Option API - computed 將邏輯分離至 Vue.js 的程式中：

JS JavaScript

```javascript
// (--略--)
    computed: {
        fullName() {
            return this.lastName + this.firstName;
        },
        usage() {
            return ( usedMoney / haveMoney ) * 100
        },
    },
// (--略--)
```

建立了 fullName 及 usage 兩個自定義組合變數後，便可直接綁定至樣板，如下：

HTML5

```html
<!-- 綁定程式碼： -->
{{ fullName }} 擁有 {{ haveMoney }} 元，
使用了 {{ usedMoney }} 後，錢 的使用率為 {{ usage }} %。
<!-- 執行結果： -->
<!-- 陳小明 擁有 500 元，使用了 133 後，金錢使用率為 26.6 % -->
```

如此一來，樣板程式中少了資料處理邏輯，變得更簡潔了！

🔍 computed 自定義組合變數的更新

自定義組合變數除了可以當作資料屬性外，也可以建立具「資料雙向綁定」特性的自定義組合變數，其語法如下：

JS JavaScript

```javascript
// (---略---)
    computed: {
        // 計算並指定參數名稱
        [computed 參數名稱]: {
```

```javascript
            get: function() {
                // 取得資料計算並 return 結果
            },
            set: function(value) {
                // 反向計算處理
            },
        }
    },
// (---略---)
```

上述語法中，在自定義組合變數中包含 2 個方法：

◉ get 方法：定義變數的計算方法，get 方法也可稱為 getter。

◉ set 方法：定義反向計算處理，當樣板或程式中指定數值給變數時，便會將值帶入 set 方法中進行反向計算，set 方法也可稱為 setter。

自定義組合變數在執行計算時，只要使用到的資料未變更，變數的值僅會計算一次後暫存起來，供程式及樣板重覆取得。故在使用時須特別注意。舉例來說，Vue.js 實體有以下的資料：

JS JavaScript

```javascript
// (---略---)
    data: function() {
        return {
            examineeNumber: 500,
            passNumber: 300,
        };
    },
// (---略---)
```

我們可使用應考人數（examineeNumber）及通過人數（passNumber）的資訊，透過 Option API—computed 建立自定義組合變數 passRate，

以 get 的方法計算出考試合格率，並當合格率的值更動時，會反向計算合格人數，並更新資料至資料模型的 passNumber 屬性，程式碼如下：

HTML5

```
// (---略---)
    computed: {
        passRate: {
            get: function() {
                return (this.passNumber / this.examineeNumber) *
100;
            },
            set: function(value) {
                this.passNumber = (value / 100) *
this.examineeNumber;
            }
        },
    },
// (---略---)
```

範例 4-1 匯率換算

圖 4-1　匯率換算執行結果

範例 4-1 將透過製作「匯率換算」學習在 Option API – computed 的實際應用。如圖 4-1 執行結果所示，在範例中，將建立以下部份：

◉ 建立表單輸入區域，供使用者輸入台幣金額

◉ 建立台幣換算外幣的顯示區域，顯示與使用者輸入等值的外幣金額

```javascript
var app = Vue.createApp({
    // Vue.js 資料模型
    data: function() {
        return {
            ntd: 100,
            usdRate: 31.22,
            jpnRate: 0.2788,
        };
    },
    computed: {
        usd: function() {
            return Math.round(this.ntd / this.usdRate * 100) / 100;
        },
        jpn: function() {
            return Math.round(this.ntd / this.jpnRate * 100) / 100;
        },
    }
});
app.mount('#app');
```

　　首先，在 data 建立資料模型，並增加以下屬性：

◉ ntd：資料型態為「數字」，用於文字方塊中，使用者輸入的台幣數值

◉ usdRate：資料型態為「數字」，用於記錄台幣換購美金的匯率

◉ jpnRate：資料型態為「數字」，用於記錄台幣換購日幣的匯率

建立完資料模型後，在 computed 建立以下自定義組合變數：

◉ usd：於定義的方法中，使用 ntd 及 usdRate 資料屬性換算美金金額，並回應計算出的美金金額

◉ jpn：於定義的方法中，使用 ntd 及 usdRate 資料屬性換算日幣金額，並回應計算出的日幣金額

HTML5 vue3/ch04/4-1/index.html

```
<div id="app">
    台幣：<input type="text" v-model="ntd"><br/>
    <ul>
        <li>美金：{{usd}}</li>
        <li>日元：{{jpn}}</li>
    </ul>
</div>
```

Vue.js 程式寫好後，可以開始撰寫樣板的部份。本範例的樣板中，作以下綁定處理：

◉ 建立「文字方塊」並使用 v-model 雙向綁定資料模型（data）的 ntd 屬性，以取得使用者輸入的台幣數值

◉ 以文字綁定「usd」及「jpn」，於樣板中分別顯示換算台幣的美金及日元金額。

完成以上程式後，執行結果將如圖 4-2 所示。每當台幣的文字方塊修改金額時，美金及日元的數值也會跟著變化。

範例 4-2 人員資料顯示

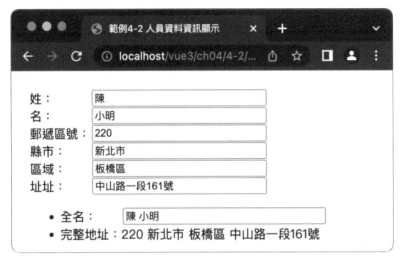

圖 4-2　人員資料顯示執行結果

範例 4-2 將透過製作「人員資料顯示」學習在 Option API – computed 的 getter 及 setter 應用。如圖 4-2 執行結果所示，在範例中，將建立以下部份：

- 建立地址資訊的表單輸入區域，包含：郵遞區號、縣市、區域、地址
- 建立姓名的表單輸入區域，其須滿足以下條件：
  - 當使用者輸入「姓」或「名」時，可即時更新「全名」的文字方塊
  - 當使用者修改「全名」時，可即時更新「姓」及「名」的文字方塊
- 建立完整地址的顯示區域，用以組合表單輸入的地址資訊

```javascript
var app = Vue.createApp({
    // Vue.js 資料模型
    data: function() {
        return {
            lastName: '',
            firstName: '',
            postNo: '220',
            city: '新北市',
            area: '板橋區',
            address: '中山路一段 161 號'
        };
    },
    computed: {
        fullName: {
            get() {
                return this.lastName || this.firstName ?
                    this.lastName + ' ' + this.firstName : '';
            },
            set(newValue) {
                if(newValue.split(' ').length === 2) {
                    [this.lastName, this.firstName] =
                        newValue.split(' ')
                }
            },
        },
        fullAddress() {
            return this.postNo + ' ' + this.city + ' ' + this.area +
                ' ' + this.address;
        }
    },
    mounted() {
        this.fullName = '陳 小明';
    }
});
app.mount('#app');
```

首先，在 data 建立資料模型，並增加以下屬性：

◉ lastName：資料型態為「String」，用於取得使用者輸入「姓」的值。

◉ firstName：資料型態為「String」，用於取得使用者輸入「名」的值。

◉ postNo：資料型態為「String」，用於取得使用者輸入「郵遞區號」的值。

◉ city：資料型態為「String」，用於取得使用者輸入「縣市」的值。

◉ area：資料型態為「String」，用於取得使用者輸入「區域」的值。

◉ address：資料型態為「String」，用於取得使用者輸入「地址」的值。

建立完資料模型後，在 computed 建立以下自定義組合變數：

◉ fullName：由於本範例希望姓、名及全名的文字方塊具雙向更新的特性，故須在此處設置 getter 及 setter，其說明如下：

- getter：在 fullName 的 get function 回應的值為「姓」加「名」，中間以空白間隔的值。

- setter：在 fullName 的 set function 取得 newValue 並以空白拆解後，分別更新資料模型的 lastName 及 firstName 屬性值。

◉ fullAddress：於定義的方法中，將郵遞區號、縣市、區域、地址等資訊組合為完整的地址資訊後回傳。

HTML5 vue3/ch04/4-2/index.html

```
(--略--)
<div id="app">
        <div>姓：<input type="text" v-model="lastName"></div>
        <div>名：<input type="text" v-model="firstName"></div>
```

```
        <div>郵遞區號：<input type="text" v-model="postNo"></div>
        <div>縣市：<input type="text" v-model="city"></div>
        <div>區域：<input type="text" v-model="area"></div>
        <div>地址：<input type="text" v-model="address"></div>
        <ul>
            <li>全名：<input type="text" v-model="fullName"></li>
            <li>完整地址：{{ fullAddress }}</li>
        </ul>
    </div>
(--略--)
```

在 Vue.js 程式撰寫完資料處理的部份後，可以開始撰寫樣板的資料綁定了。本範例的樣板中，作以下綁定處理：

◉ 建立「文字方塊」並使用 v-model 分別雙向綁定資料模型（data）的 postNo、city、area 及 address 屬性，以取得使用者輸入的有關地址的資訊

◉ 以文字綁定「fullAddress」，於樣板中顯示完整的地址資訊。

◉ 資料模型的 lastName 及 firstName 以 v-model 綁定於樣版的文字方塊元件

◉ 自定義組合變數的 fullName 以 v-model 綁定於樣板「全名」的文字方塊元件

綁定完成後，可執行網頁。預設開啟時，全名為「陳 小明」。此時，我們可以直接在全名的文字方塊中更改為「陳 小華」時，將如下圖所示，看見「名」的文字方塊更新為「小華」。

圖 4-3　更改名字後的結果

4-2 資料監聽變化及自動處理 – watch

　　Web 網頁的處理中，時常需要監聽資料變化，例如：地址的縣市及區域，當使用者選擇居住縣市後，區域的選單內容需依使用者選擇的縣市，更新對應的區域清單供使用者選擇。

　　在傳統使用 jQuery 的操作時，會於縣市的單選選單（select）中監聽 change 事件，當 change 事件發生時，便取得縣市的值，進一步更新區域單選選單的 options。同樣地，我們可應用監聽 change 事件的概念，在 Vue.js 中透過 v-on:change 的方式監聽及處理，然而，由於 Vue.js 無法即時取得樣板裡 DOM 的資訊，須以 $nextTick 的方式輔助處理，筆者不建議使用這方式處理資料的監聽。有關 $nextTick 將於本章最後向讀者介紹。

針對 Web 網頁資料的變化的監聽及處理，Vue.js 提供了 Option API－watch，這幫助我們能夠輕易地監聽資料變化及作後續的處理。其語法如下：

JS JavaScript

```javascript
// (--- 略 ---)
    watch: {
        // 一般屬性值的監聽
        [監聽屬性名]: function ([新值], [舊值]) {
            // 屬性值變化時，執行的處理
        },
        // Object 的屬性也可以監聽
        'item.value': function (newVal, oldVal) {
            // 屬性值變化時，執行的處理
        }
    }
// (--- 略 ---)
```

Option API－watch 使用時，監聽屬性名可為：

◉ 資料模型（data）的屬性名

◉ 自定義組合變數（computed）的屬性名

監聽屬性名後的方法（funtion）稱為 watch 的 handler，具有 2 個參數，第一個為監聽對象的新值，第二個為監聽對象的舊值。我們可於 handler 中定義資料變化後要執行的處理動作。另外，Option API－watch 為了因應不同的資料監聽需求，提供客製化的監聽語法如下：

JS JavaScript

```javascript
// (--- 略 ---)
    watch: {
        [監聽屬性名]: {
            // 屬性值變化時執行 Function
```

```
        handler: function ([新值], [舊值]) {
            // 處理內容
        },
        // 深度監聽
        deep: [Boolean 值],
        // 立即監聽
        immediate: [Boolean 值],
    },
  }
// (--- 略 ---)
```

上述客製化的語法中，監聽具有 3 個可設置的項目：

◉ handler

handler 定義當資料變化時，執行的方法（function）。

◉ deep

deep 預設值為 false，當設置為 true 時，Vue 將針對物件（Object）或陣列（Array）資料進行深度資料的變化。

一般而言，在網頁中監聽的資料類型為數字（Number）、字串（String）或布林值（Boolean）時，透過 watch 撰寫監聽，可即時偵測屬性值的變化。但是，當監聽的對象為物件（Object）或陣列（Array）資料時，由於 watch 預設僅偵測第一層的資料，如果僅單獨更新物件或陣列子項目的值時，Vue 將無法偵測物件或陣列值的變化。此時，可設置 deep 為 true，便可偵測得到物件或陣列子項值的變化。

◉ immediate

immediate 預設值為 false，當設置為 true 時，當 Vue.js 綁定監聽的屬性後，將馬上執行 handler。

範例 4-3 餐點類別切換

圖 4-4　子從類別預設畫面

範例 4-3 將透過製作「餐點類別切換」學習在 Option API – watch 的應用。如圖 4-4 執行預設畫面所示，在範例中，將建立以下部份：

◎ 建立餐點分類選擇清單

◎ 建立餐點選擇清單，依使用者選擇的餐點類別載入餐點項目

JS **JavaScript**　vue3/ch04/4-3/app.js

```javascript
// (---- 略 ----)
    data: function() {
        return {
            mainID: '',
            subID: '',
            currentSubList: [],
            typeList: [{
                    id: 1,
                    name: '飲料',
                    sub: [
                        { id: 1, name: '紅茶' },
                        { id: 2, name: '綠茶' },
                        { id: 3, name: '麥茶' },
                    ]
```

```
            },
            {
                id: 2,
                name: '蛋糕',
                sub: [
                    { id: 1, name: '蜂密蛋糕' },
                    { id: 2, name: '起士蛋糕' },
                    { id: 3, name: '巧克力蛋糕' },
                ]
            },
            {
                id: 3,
                name: '麵包',
                sub: [
                    { id: 1, name: '吐司' },
                    { id: 2, name: '肉鬆麵包' },
                ]
            },
        ]
    };
},
// (---- 略 ----)
```

首先，在 data 建立資料模型，並增加以下屬性：

◉ typeList：資料型態為「Array」，用於儲存餐點分類資料，每個餐點分類項目具有以下屬性：

- id：id 值不可重覆，作為搜尋的主鍵

- name：餐點分類名稱

- sub：記錄該餐點分類的餐點項目清單

◉ currentSubList：資料型態為「Array」，用於儲存目前選擇餐點分類的餐點項目清單

⊙ mainID：資料型態為「Number」，用於儲存使用者選取餐點分類的 id 值

⊙ subID：資料型態為「Number」，用於儲存使用者選取餐點項目的 id 值

JS JavaScript vue3/ch04/4-3/app.js

```javascript
// (---- 略 ----)
    watch: {
        mainID: function(newID, oldID) {
            if(newID == '') {
                this.currentSubList = [];
            } else {
                const tempItem = this.typeList.find( typeItem => {
                    return typeItem.id == newID;
                })
                this.currentSubList = tempItem.sub;
            }
        }
    }
// (---- 略 ----)
```

接著，須在 watch 的地方監聽 mainID 資料的變化，在 mainID 後帶入資料變化的 handler 方法，當 mainID 值變化時，新 id 值將傳入 handler 中，以 newID 取得新 id 值。此時，以餐點分類的新 id 值與 data 的 typeList 進行比對，取出對應餐點分類的餐點項目清單，並更新至 data 的 currentSubList 裡。

HTML5 vue3/ch04/4-3/index.html

```html
(--- 略 ---)
    <div id="app">
        <select v-model="mainID">
            <option value="">請選擇</option>
```

```
            <option v-for="item in typeList" :value="item.id">
                {{item.name}}</option>
        </select>
        <select v-model="subID">
            <option value="">請選擇</option>
            <option v-for="item in currentSubList" :value="item.id">
                {{item.name}}
            </option>
        </select>
    </div>
(--- 略 ---)
```

　　Vue.js 程式撰寫完成後，須至 HTML 樣板中建立以下表單元件及
綁定處理：

◉ 建立給使用者選擇餐點分類的多選選單，並：

- 以 v-model 綁定 data 的 mainID

- 以 v-for 的方式綁定 typeList 清單資料，選單的 value 須綁定項目
  的 id 屬性

◉ 建立餐點項目的多選選單，並：

- 以 v-model 綁定 data 的 subID

- 以 v-for 的方式綁定 currentSubList 清單資料，選單的 value 須綁
  定項目的 id 屬性

圖 4-5　子從類別切換蛋糕畫面

圖 4-6　子從類別切換麵包畫面

　　程式撰寫完成後，可執行網頁看見如圖 4-4 所顯示的預設畫面，當選擇了餐點類別 – 蛋糕時，餐點將顯示如圖 4-5 蛋糕的餐點清單 – 蜂蜜蛋糕、起士蛋糕及巧克力蛋糕。當選擇麵包時，將顯示如圖 4-6 所示，顯示麵包的餐點清單 – 吐司、肉鬆麵包。

範例 4-4　商品總價計算

圖 4-7　商品總價計算執行畫面

　　範例 4-4 將透過製作「商品總價計算」學習在 Option API – watch 的客製化應用。如圖 4-7 執行結果所示，在範例中，將建立以下部份：

◉ 建立商品選擇清單，並在旁設置「購買」按鈕

- 建立購買產品顯示區域，當使用者點選購買後，將即時更新購買資訊

- 建立總價顯示區域，當購買產品更新時，重新計算所有商品的總價並顯示於此

JS **JavaScript**　　vue3/ch04/4-4/app.js

```javascript
// (---- 略 ----)
    // Vue.js 資料模型
    data: function() {
        return {
            buyList: [],
            showList: [],
            totalPrice: 0,
            selectPorduction: '',
            productions: [
                { id: 1, name: '紅茶', price: 30 },
                { id: 2, name: '綠茶', price: 25 },
                { id: 3, name: '奶茶', price: 40 },
                { id: 4, name: '珍珠奶茶', price: 50 },
                { id: 5, name: '咖啡', price: 35 },
            ],
        };
    },
// (---- 略 ----)
```

首先，在 data 建立資料模型，並增加以下屬性：

- productions：資料型態為「Array」，用於儲存產品清單，每個產品項目具有以下資訊：

  - id：產品 ID

  - name：產品名稱

  - price：產品價格

⊙ buyList：資料型態為「Array」，用於儲存購買產品的 id 值清單

⊙ showList：資料型態為「Array」，用於儲存購買產品的詳細資訊

⊙ totalPrice：資料型態為「Number」，用於記錄購買商品的總價

⊙ selectProduction：資料型態為「Number」，記錄在介面中表單元件選擇的產品 id 值

JS JavaScript vue3/ch04/4-4/app.js

```javascript
// (---- 略 ----)
  //
  methods: {
    buy: function() {
      if(this.selectPorduction !== '') {
        this.buyList.push(this.selectPorduction);
        this.selectPorduction = '';
      }
    }
  },
// (---- 略 ----)
```

資料模型建立完成後，我們可在 methods 建立名為 buy 的方法，供使用者在介面中點擊「購買」按鈕後，預計將執行的方法。Buy 方法中，以 selectProduction 是否為空值判斷使用者是否已在清單中選擇產品。當使用者尚未選擇產品時，則不作後續資料處理；當使用者已選擇產品時，進行以下 2 部份的資料處理：

⊙ 取得 data 的 selectProduction 值作為使用者選擇的產品，取得 ID 值增加至 data 的 buyList 屬性中

⊙ 將 selectProduction 清單，供使用者進行後面的產品選擇

```
// (---- 略 ----)
    watch: {
        buyList: {
            handler: function(changeList, oldList) {
                let total = 0;
                let showList = [];
                const prods = this.productions;
                changeList.forEach( productionID => {
                    const selectProd = prods.find( production => {
                        return production.id == productionID;
                    })
                    if(selectProd.price !== undefined) {
                        total += selectProd.price;
                        showList.push(selectProd);
                    }
                });
                this.showList = showList;
                this.totalPrice = total;
            },
            deep: true,
        }
    }
// (---- 略 ----)
```

最後，計算程式總價的部份，在 data 中 buyList 用來記錄使用者點選購買的產品 id 清單，故可使用 watch 偵測 buyList 的變化，設定如下：

◉ 由於 buyList 為陣列資料，故須將 deep 設為 true，讓陣列資料可進行深度監測。

◉ handler 中的 function 以第 1 個參數 changeList 取得最新購買產品清單進行陣列處理：

- 取出各筆產品 id 值與 data 的 productions 清單比對，取出產品資訊增加至 showList 清單中

- 取出的產品資訊時，進一步取出產品價格進行加總，加總的結果更新至 data 的 totalPrice 屬性裡

HTML5 vue3/ch04/4-4/index.html

```
(--- 略 ---)
    <div id="app">
        <select v-model="selectPorduction">
            <option value="">請選擇</option>
            <option v-for="item in productions" :value="item.id">
                {{item.name}}
            </option>
        </select>
        <button @click="buy">購買</button>
        <br/><br/>
        購買產品：
        <ul>
            <li v-for="item in showList">
                {{ item.name }} - {{ item.price }}元
            </li>
        </ul>
        <br/>
        總價：{{ totalPrice }}
    </div>
(--- 略 ---)
```

Vue.js 程式寫好後，須至樣板中作以下綁定處理：

◉ 建立「單選清單」並使用 v-model 雙向綁定資料模型（data）的 selectProduction 屬性，以取得使用者選擇的產品

◉ 建立「購買」按鈕，並使用 v-on:click 監聽滑鼠點擊事件，綁定 buy 方法。當使用者點擊後，Vue.js 將會執行 buy 方法增加購買產品資訊

◉ 建立「購產產品」顯示區域，在<li> Element 以 v-for 的方式綁定
  data 的 showList 顯示購買的產品名稱及產品價格

◉ 建立「總價」顯示，直接於總價文字後以文字綁定的方式綁定 data
  的 totalPrice

圖 4-8　商品總價計算執行結果

完成程式開啟 HTML 網頁後，執行預設頁如圖 4-7 所示。當我們
分別選擇購買奶茶及珍珠奶茶並點選購買後，購買產品資訊中，將會顯
示「奶茶」、「珍珠奶茶」的產品名稱及價格，並重新計算並渲染如圖
4-8 所示。

4-3 字串過濾處理 – filter

Vue.js 為了讓模板中的程式碼更簡潔提供了 Option API –
computed。此外，Vue.js 也提供了 Option API – filter，filter 可協助開
發者建立過濾器後，在模板中直接使用過濾器處理綁定的屬性值。使用

filter 時，須注意 filter 僅在 Vue.js 2.x 的版本中支援，在 Vue.js 3.x 的版本已移除 filter 功能。Option API - filter 語法如下：

JS JavaScript

```
// (--- 略 ---)
   filters: {
       // 過濾器定義 (一般)
       [過濾器名稱]: function(inputValue) {
           // 針對傳進來的值進行過濾/格式化處理
       },
       // 過濾器定義 (多個參數時)
       [過濾器名稱]: function(inputValue, arg1, arg2, …) {
           // 針對傳進來的值進行過濾/格式化處理
       },
   }
// (--- 略 ---)
```

如上所述，filters 的定義包含以下內容：

◉ 過濾器名稱

樣板中使用時的名稱。過濾器的名稱可與 data 或 computed 裡的屬性名稱相同，但是，這會在大型的程式專案中造成程式碼混亂不易閱讀，故筆者不建議定義相同名稱的過濾器。

◉ 過濾器方法

過濾器方法的參數一般為一個，代表 filter 對象的屬性值。若定義多個參數時，第一個參數同樣代表 filter 對象的屬性值，後面則為使用過濾器時須帶進的參數。

filter 定義完成後，在模板中使用時，須在對象後面加上「|」後，再帶入過濾器的名稱，一般情形中語法如下：

HTML5

```
<!-- 安插值在 大括號 中 -->
{{ [filter 對象] | [過濾器名稱] }}
<!-- 安插值在 `v-bind` 中 -->
<div v-bind:id="[filter 對象] | [過濾器名稱]"></div>
```

當過濾器的 handler 定義有多個參數時，模板中帶的參數，在 filter 的 handler 參數起始位置為第 2 個，語法如下：

HTML5

```
<!-- 安插值在 大括號 中 -->
{{ [filter 對象] | [過濾器名稱](arg1, arg2, …) }}
<!-- 安插值在 `v-bind` 中 -->
<div v-bind:id="[filter 對象] | [過濾器名稱](arg1, arg2, …)"></div>
```

範例 4-5 格式化電話/手機號碼顯示 – Vue.js 2.x

圖 4-9 格式化電話/手機號碼顯示執行結果

範例 4-5 將透過製作「格式化電話/手機號碼顯示」學習在 Option API – filter 在網頁中的項用應用。本範例需求如下：

◉ 準備室內電話及手機的資料

◉ 建立過濾器格式化室內電話，其格式為：(xx)xxxx-xxxx

◉ 建立過濾器格式化手機，其格式為：xxxx-xxx-xxx

JS JavaScript vue2/ch04/4-5/app.js

```javascript
// (--- 略 ---)
    data: function() {
        return {
            phone: '0933444888',
            tel: '0233334444',
        };
    },
// (--- 略 ---)
```

首先，因應本範例的需求，將於 data 建立 2 個屬性：

◉ phone：資料型態為「String」，用於儲存手機號碼

◉ tel：資料型態為「String」，用於儲存室內電話

JS JavaScript vue2/ch04/4-5/app.js

```javascript
// (--- 略 ---)
    filters: {
        phoneFormater(originPhone) {
            let formatNumber = '';
            formatNumber += originPhone.substr(0, 4);
            formatNumber += '-';
            formatNumber += originPhone.substr(4, 3);
            formatNumber += '-';
            formatNumber += originPhone.substr(7, 3);

            return formatNumber;
        },
        telFormater(originTel) {
            let formatNumber = '';
            formatNumber += originTel.substr(0, 2);
            formatNumber += '-';
            formatNumber += originTel.substr(2, 4);
            formatNumber += '-';
```

```
                formatNumber += originTel.substr(6, 4);

                return formatNumber;
            },
        }
// (--- 略 ---)
```

建立完資料模型後，於 filters 建立 2 個過濾器，分別為：

◉ phoneFormater

建立名為 phoneFormater 的過濾器，其 handler 裡將傳入的手機號碼轉換為「xxxx-xxx-xxx」格式後回傳。

◉ telFormater

建立名為 telFormater 的過濾器，其 handler 裡將傳入的室內電話號碼轉換為「(xx)xxxx-xxxx」格式後回傳。

HTML5 vue2/ch04/4-5/index.html

```
(--- 略 ---)
    <div id="app">
        手機:{{ phone | phoneFormater }} <br/>
        電話:{{ tel | telFormater }}
    </div>
(--- 略 ---)
```

在 Vue.js 的渲染區域中，直接以文字綁定的方式綁定 data 的 phone 及 tel 至模板裡，並加入過濾器格式化以下資訊：

◉ 在 phone 後加入「|」並帶入「phoneFormater」過濾器。開啟網頁後，Vue.js 渲染時，會將 phone 的值「0933444888」格式化為「0933-444-888」

◉ 在 tel 後加入「|」並帶入「telFormater」過濾器。開啟網頁後，Vue.js 渲染時，會將 tel 的值「0233334444」格式化為「02-3333-4444」

範例 4-6　格式化電話/手機號碼顯示 – Vue.js 3.x 改寫

　　由於 Vue.js 3.x 將 Option API 功能移除，故範例 4-5 在 Vue.js 3.x 將無法執行。範例 4-6 將以範例 4-5 為基礎，學習將原有 Vue.js 2.x 的 filter 將如何改寫成 Vue.js 3.x 可執行的程式。

JS JavaScript　vue3/ch04/4-6/app.js

```
(--- 略 ---)
    data: function() {
        return {
            phone: '0933444888',
            tel: '0233334444',
        };
    },
(--- 略 ---)
```

　　首先，與範例 4-5 相同，須在 data 建立 2 個屬性：

- phone：資料型態為「String」，用於儲存手機號碼

- tel：資料型態為「String」，用於儲存室內電話

JS JavaScript　vue3/ch04/4-6/app.js

```
(--- 略 ---)
    methods: {
        phoneFormater(originPhone) {
            let formatNumber = '';
            formatNumber += originPhone.substr(0, 4);
            formatNumber += '-';
            formatNumber += originPhone.substr(4, 3);
            formatNumber += '-';
            formatNumber += originPhone.substr(7, 3);

            return formatNumber;
        },
```

```
        telFormater(originTel) {
            let formatNumber = '';
            formatNumber += originTel.substr(0, 2);
            formatNumber += '-';
            formatNumber += originTel.substr(2, 4);
            formatNumber += '-';
            formatNumber += originTel.substr(6, 4);

            return formatNumber;
        },
    },
(--- 略 ---)
```

建立完資料模型後，將如上程式所示，將原本 filters 的 phoneFormater 及 telFormater 移至 methods。移完後，要綁定至模板中具有 2 種方法：

◉ 建立 computed 參數，先計算好，再至模板中綁定 computed 屬性。本例以手機號碼示範。

◉ 直接以 javascript 表示式的方式，在模板中引用格式化方法並帶入 data 的屬性值。本例以電話號碼示範。

JS JavaScript　vue3/ch04/4-6/app.js

```
(--- 略 ---)
    computed: {
        formatedPhone() {
            return this.phoneFormater(this.phone);
        },
    },
(--- 略 ---)
```

在 computed 建立自定義組合變數 formatedPhone，其 handler 中直接引用 methods 的 phoneFormater 將手機號碼格式化，回應其結果。

HTML5 vue3/ch04/4-6/index.html

```
(--- 略 ---)
    <div id="app">
        <!-- 使用 Option API - computed 方式改寫 -->
        手機:{{ formatedPhone }} <br/>
        <!-- 直接以 jsvascript 表示式以 method 轉換 -->
        電話:{{ telFormater(tel) }}
    </div>
(--- 略 ---)
```

撰寫完 Vue.js 程式後,在模板中將分別綁定以下資料:

◉ 在手機顯示的地方綁定 computed 的 formatedPhone

◉ 在電話顯示的地方以 javascript 表示式使用 telFormater 方法帶入
   data 的 tel 屬性,直接進行轉換

圖 4-10　格式化電話/手機號碼顯示執行結果

完成後,將執行網頁結果如圖 4-10 所示與範例 4-5 相同。

4-4 異步更新 DOM – nextTick

Vue.js 在渲染 DOM 時，考量到執行效能的緣故，會等待資料更新完成後，才進行 DOM 的重新渲染。因此，當我們不論在勾子函式或 computed、methods、filters 等 Option API 介面中，想取得 DOM 資訊時，會發現取得的資訊並非即時的。

為了因應無法即時取得 DOM 資訊的情形，Vue.js 提供了全域方法－nextTick()。nextTick()的語法如下：

JS JavaScript

```javascript
// (--- 略 ---)
    // 在 function 中以 this 取得$nextTick 方法
    this.$nextTick(function() {
        // 執行 DOM 更新完後的動作
    });
// (--- 略 ---)
```

nextTick()在 vue.js 中註冊為全域的方法，故只要能夠取得 Vue.js 實體，便可取得 nextTick()方法。在 nextTick()中須帶入一個 callback function，在此方法內部執行的內容將會在 DOM 更新後才執行。

範例 4-7 取得 DOM 更新後的高度

範例 4-7 將透過製作「取得 DOM 更新後的高度」學習如何使用 nextTick()。本範例需求如下：

◉ 建立\<ul\> Element，讓 Vue.js 取得高度資訊

◉ 建立「追加」按鈕，當使用者點選時，將會在\<ul\> Element 增加一筆\<li\> Element，並在\<li\> Element 中帶入流水號

JS JavaScript vue3/ch04/4-7/app.js

```
(--- 略 ---)
    data: function() {
        return {
            list: []
        };
    },
(--- 略 ---)
```

首先，在 data 建立 list 屬性，作為存取流水號的地方。

JS JavaScript vue3/ch04/4-7/app.js

```
(--- 略 ---)
    watch: {
        list: function(newList, oldList) {
            console.log('一般', this.$refs.ullist.offsetHeight);
            this.$nextTick(function() {
                console.log('nextTick', this.$refs.ullist.
                    offsetHeight);
            });
        }
    }
(--- 略 ---)
```

在 watch 中加入監聽 data 的 list，並在 list 的 handler 裡以下處理：

◉ 取得 ref 為 ullist 的 Eelement，以 console.log()的方式輸出該 Element 高度。

◉ 以 this 的方式取得 nextTick 全域函式，並在 Callback Function 中，同樣取得 ref 為 ullist 的 Eelement，以 console.log()的方式輸出該 Element 高度。

```
(--- 略 ---)
    <div id="app">
        <button @click="list.push(list.length + 1)">追加</button>
        <ul ref="ullist">
            <li v-for="item in list">{{item}}</li>
        </ul>
    </div>
(--- 略 ---)
```

撰寫完 Vue.js 程式後，須在模板中進行以下處理：

◉ 建立「追加」按鈕，使用 v-on 監聽按鈕的 click 事件，以 javascript
表示式的方式，新增流水號至 data 的 list 屬性中。

◉ 建立<ul> Element 並給予 ref 屬性值 ullist，供 Vue.js 透過 $refs 全
域參數取得 DOM 的高度

◉ 在<ul> Element 中以 v-for 的方式綁定 data 的 list 屬性，讓 Vue.js
依 list 的個數渲染出相應個數的<li> Element

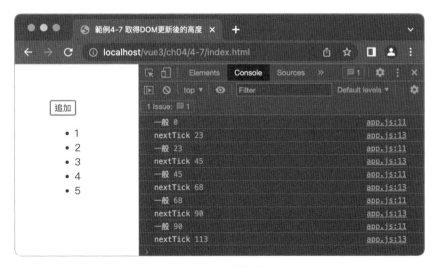

圖 4-11　取得 DOM 更新後的高度執行畫面

本範例程式碼完成後，我們可用 Chrome 開啟按「F12」叫出 Chrome 的開發者工具。切換到開發者工具的「Console」頁面後，可以點 5 次「追加」按鈕。此時，我們可看見當未使用 nextTick 取得目標 DOM 的高度為頁面渲染前的高度，使用 nextTick 取得目標 DOM 的高度為頁面渲染後的高度。

元件製作

5-1 元件的基礎概念

　　Web 應用程式頁面中，依據功能區分，有標頭、選單、表單…等功能區域。當 Web 應用程式功能越多時，網頁原始碼將變得越來越複雜，造成程式容易變得難以閱讀及維護。為此，Vue.js 提供了元件系統（Component System），這功能協助我們以架構化的方式，將原本複雜的頁面依各區域或功能拆分為一個個的元件（Component），使程式碼變得有架構性容易讀取及維護外，也可以增加程式的可重覆利用性，為開發人員帶來以下好處：

◉ 減少重覆的程式碼，更改同樣的區域時，降低人為失誤

◉ 元件內部只保留與該區域相關的程式碼，降低查找相關程式時間，
　 且提升可閱讀性

◉ 多人協同開發時，可直接依元件進行分工，提升開發效率

頁面區域元件

Web 網頁常見的頁面格局有單欄式及雙欄式頁面，如圖所示，不同的頁面格局具有不同的頁面區域，以雙欄式格局來看，它具有頁面標頭（header）、邊側邊選單、頁面內容及頁尾（footer）等區域。這些區域中，通常頁面標題及頁尾會是重覆的部份，在其中的頁面內容變動性較大，故可以將重覆的部份拆為獨立元件，讓各個頁面可以重覆利用。

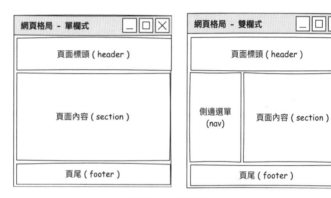

圖 5-1　網頁格局

假設我們在製作如圖 5-2 所示的活動報名網站，在報名網站中，有活動清單、活動介紹及活動報名等 3 個頁面。各頁面中均有「頁面標頭及選單」及「頁尾」2 個區域，中間的部份頁各頁面客製化的資料。

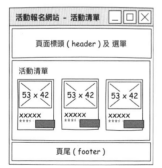

圖 5-2　活動網站

當發現頁面中有重覆的區域時，可以將該區域進行元件化，把「頁面標頭及選單」及「頁尾」區域分別製作成元件後，在各頁引入。如此一來，便可降低系統中重覆的程式碼了。同時，由於將重覆的部份拆出，使各頁中的程式變得更為簡潔。

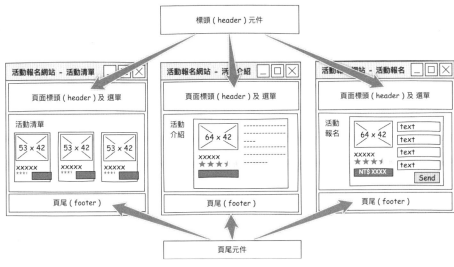

圖 5-3　活動網站元件化

🔍 功能性元件

元件的拆分除了依據頁面區域進行拆分外，也可依功能性進行拆分。以前面提到的活動報名網站為例，在活動清單中每個活動項目如圖 5-4 所示，均具有相同類型的資訊，包含：活動圖片、活動類別、活動名稱、活動推薦星數以及價格等。

圖 5-4　活動圖卡

　　將活動圖卡拆為元件的好處在於，可以統一顯示的格式，例如，圖 5-5 顯示的活動圖卡中，活動顯示的價格格式不同。我們可以透過製作活動圖卡元件，統一資訊顯示的格式。建立圖卡元件後，僅需專注於帶入的資料正確性，後續的畫面渲染交由 Vue.js 替我們處理即可。

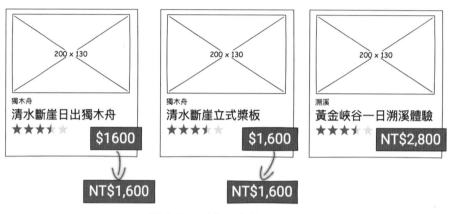

圖 5-5　活動圖卡統一格式

　　元件化除了統一資料顯示格式外，也可以建立統一的變化方式，賦予元件因應資料的變化。例如：在活動圖卡元件的設計上，可以增加特惠的樣式變化，當資料顯示活動為期間活動時，以更改資料的方式，讓 Vue.js 替我們進行期間活動的樣式渲染。

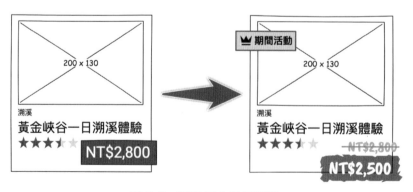

圖 5-6　活動圖卡特價切換

5-2 元件的基礎操作

Vue.js 提供了一套完整的元件系統，我們可在 Vue.js 中定義及註冊元件。註冊完成的元件，可在 Vue.js 渲染的區域以自定義的標籤（Tag）方式使用。

🔍 元件的註冊

Vue.js 元件的註冊後依可使用的範圍，可分為：

◉ 區域元件

透過 Option API - components 註冊的元件都為區域元件，元件註冊後只能在註冊的元件樣板中使用。其語法如下：

JS JavaScript

```javascript
// ---- 略 ----
    components: {
        // 元件直接註冊並定義
        [元件名稱]: [定義元件],
    }
// ---- 略 ----
```

◉ 全域元件

Vue.js 提供了 component 方法，讓我們註冊全域元件。元件註冊後，可在任意一個元件中使用。註冊的語法須注意的是，Vue.js 2.x 須在 Vue 實體建立之前就先註冊全域元件，語法如下：

JS JavaScript

```javascript
// 須在 Vue.js 實體建立前建立
Vue.component([元件名稱], [定義元件]);
var app = new Vue({
    // ---- 略 ----
});
```

05
CH

元
件
製
作

Vue.js 3.x 須在 Vue 實體建立後，才可註冊全域元件，其語法如下：

JS JavaScript

```javascript
// 須先建立 Vue.js 實體後，才可註冊全域元件
var app = Vue.createApp({
    // ---- 略 ----
});
app.component([元件名稱], [定義元件]);
app.mount('#app');
```

🔍 元件基本定義及使用

Vue.js 元件註冊時，須帶入元件的定義資訊。Vue.js 使用 Object 包裝元件定義的資訊，其中必須包含用於儲存元件樣板的 template 屬性，撰寫 template 的要點如下：

- ◉ 樣板內容如同主要為 HTML 程式碼
- ◉ 樣板中資料及事件監聽的綁定方式與主樣板綁定方式相同
- ◉ 建立的元件，Vue.js 2.x 只能有一個 Root Element，Vue.js 3.x 可建立多個 Root Element

JS JavaScript

Vue.js 2.x	Vue.js 3.x
`// Vue.js 2.x 僅可有一個 Root Element` `template: ` ` ` <div class="example">` ` <!-- content vue 2 -->` ` </div>` `` `,`	`// Vue.js 3.x 僅可有多個 Root Element` `template: ` ` ` <div class="example">` ` <!-- content vue 3 -->` ` </div>` ` <div class="example">` ` <!-- content vue 3 -->` ` </div>` `` `,`

元件定義時，依需求可加入以下項目：

- data：元件內部使用的資料屬性
- props：元件的屬性值定義，可從父層接收資料
- computed：元件內部的自定義組合變數
- methods：元件內部使用的方法
- watch：元件內部資料監聽及處理
- 勾子函式（hook functions）：每個元件同時也會進入 Vue.js 的生命週期中，可依需求進行客製化處理

以 Option API－components 為例，元件定義的語法如下：

JS JavaScript

```javascript
// ---- 略 ----
    components: {
        // 元件直接註冊並定義
        [元件名稱]: {
            // 樣板
            template: [樣版內容(String)],
            // 元件內資料模型
            data: function() {
                return {
                    // 元件內部資料
                }
            },
            // 元件屬性定義，可接收從父層來的資料
            props: [元件屬性定義(Array/Object)],
            // 如有需要也可使用：computed, methods, watch, 勾子函式
        },
    }
// ---- 略 ----
```

圖 5-7　圖卡元件概念圖

　　假設我們要定義圖 5-7 的圖卡元件,其內容包含圖片顯示及圖片名稱,程式碼可撰寫如下:

JS JavaScript vue3/ch05/5-1/1-basic-register/app.js

```javascript
// ---- 略 ----
    components: {
        // 元件名稱
        'image-card': {
            // 樣板
            template: `
                <div class="card">
                    <img :src="src" class="card-img-top">
                    <div class="card-body">{{ name }}</div>
                </div>
            `,
            // 從父層接收的屬性
            props: ['src', 'name']
        }
    }
// ---- 略 ----
```

　　在前面的範例程式碼中,定義了名為「image-card」的元件,其內部也定義了「src」及「name」屬性,接收從父元件來的資訊,使元件可渲染至元件的樣板中。完成元件的定義後,在樣板中使用時,將以定義的元件名稱作為標籤名稱使用。範例如下:

```
<!-- 直接賦值 -->
<image-card src="./images/slide-01.jpg" name="圖片 01"></image-card>
<!-- 使用 資料模型(data) 中的屬性賦值 -->
<image-card :src="image1.src" :name="image1.name"></image-card>
```

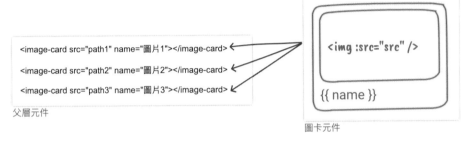

父層元件

圖卡元件

圖 5-8　元件使用概念圖

　　元件定義的屬性值，可直接賦值，也可使用 v-bind 的方式賦值。假設，我們想在樣板中放置 3 個圖卡時，元件標籤的 src 及 name 屬性值，可如同圖 5-8 父層元件，在標籤屬性中直接賦值。

　　若我們希望以 v-bind 的方式綁定，則須在 data 中建立以下資料：

JS JavaScript　　vue3/ch05/5-1/1-basic-register/app.js

```javascript
// ---- 略 ----
    data: function() {
        return {
            image1: { src: "./images/slide-01.jpg", name: '圖片 01', },
            image2: { src: "./images/slide-02.jpg", name: '圖片 02', },
            image3: { src: "./images/slide-03.jpg", name: '圖片 03', },
        };
    },
// ---- 略 ----
```

準備好資料後，可至 HTML 以 v-bind 的方式綁定資料，程式碼如下：

HTML5 vue3/ch05/5-1/1-basic-register/index.html

```html
<!-- 使用 資料模型(data) 中的屬性賦值 -->
<image-card :src="image1.src" :name="image1.name"></image-card>
<image-card :src="image2.src" :name="image2.name"></image-card>
<image-card :src="image3.src" :name="image3.name"></image-card>
```

5-3 單一檔案元件（Single File Component）

SFC 定義檔

前一節介紹 Vue.js 註冊元件時，讀者是否也覺得將樣板內容以字串的形式，在 template 屬性中撰寫非常地不容易閱讀呢？其實，Vue.js 為了讓元件程式碼能夠拆分為獨立檔案，提供了 SFC（Single File Component，單一檔案元件）的檔案格式。程式結構如下：

Vue SFC（.vue 檔）

```vue
<template>
    <!-- 元件樣版 -->
</template>

<script type="text/JavaScript">
// 搭配 vue3-sfc-loader 時，須以此方式 exports
module.exports = {
    // 元件名稱
    name: 'image-card',
    // 元件屬性定義
    props: [元件屬性定義(Array/Object)],
    // 如有需要也可使用：
    //     data, computed, methods, watch
```

```
    //        勾子函式
    data: function() {
        return {
            // 元件內部資料
        }
    },
}
</script>

<style type="text/css">
/* CSS 樣式 */
</style>
```

　　SFC 的副檔名通常為.vue，它將與元件有關的 HTML、JavaScript 及 CSS 程式碼集中。看完了前面的範例程式，是否也能明顯感受到，這樣的程式風格，比起前一節介紹的元件定義程式碼，大大提升了程式的可讀性呢？

　　接續本章 5-2 圖卡元件的範例，元件的定義檔可改寫如下：

▼ Vue SFC　vue3/ch05/5-1/3-sfc-register/components/image-card.vue

```
<template>
    <div class="card">
        <img :src="src" class="card-img-top">
        <div class="card-body">{{ name }}</div>
    </div>
</template>

<script type="text/JavaScript">
module.exports = {
    name: 'image-card',
    props: ['src', 'name']
}
</script>
```

🔍 SFC 元件載入與註冊方法

由於 SFC 為 Vue.js 獨有的語法,並非 JavaScript 原生語法,所以使用的時候得透過 sfc-loader 幫助我們解析為 JavaScript 可讀的程式後,才可正確的載入元件。一般而言,在轉換上須透過 Vue.js CLI 的方式打包。由於目前尚未學習到 Vue.js CLI,故先以 Vue.js 官方提供的 sfc-loader,直接載入 HTML 頁面進行本章範例的練習。

由於 Vue.js 3.x 與 Vue.js 2.x 的載入方式不同,故在此分別介紹:

◉ Vue.js 2.x sfc-loader 載入方式

Vue.js 2.x 使用 sfc-loader 須於 HTML 網頁載入 http-vue-loader 套件,由於此套件會用到 ES2015 後的語法,故須一併載入 babel-polyfill 套件,程式碼如下:

HTML5

```html
<!-- ES2015 polyfill -->
<script src="https://cdnjs.cloudflare.com/ajax/libs/babel-
   polyfill/7.12.1/polyfill.min.js"></script>
<!-- SFC Loader -->
<script src="https://unpkg.com/http-vue-loader@1.4.2"></script>
<!-- Vue.js 2.x -->
<script src="https://cdn.jsdelivr.net/npm/vue@2.6.14/dist/vue.js">
   </script>
<!-- Vue.js 主程式 -->
<script type="text/JavaScript" src="./app.js"></script>
```

載入 http-vue-loader 後,可使用 httpVueLoaderloadModule 載入 SFC 樣板檔,語法如下:

JS JavaScript

```JavaScript
var app = new Vue({
    // ---- 略 ----
        components: {
            // Vue.js 2 須搭配 http-vue-loader
            [元件名稱]: httpVueLoaderloadModule([SFC 檔案路徑]))
        }
    // ---- 略 ----
});
```

◉ Vue.js 3.x sfc-loader 載入方式

Vue.js 3.x 使用 sfc-loader 須於 HTML 網頁載入 vue3-sfc-loader 套件，由於此套件會用到 ES2015 後的語法，故須一併載入 babel-polyfill 套件，程式碼如下：

HTML5 HTML5

```html
---- (略) ----
<!-- ES2015 polyfill -->
<script src="https://cdnjs.cloudflare.com/ajax/libs/babel-
    polyfill/7.12.1/polyfill.min.js"></script>
<!-- SFC Loader -->
<script src="https://cdn.jsdelivr.net/npm/vue3-sfc-loader/dist/
    vue3-sfc-loader.js"></script>
<!-- SFC 套件設定 -->
<script type="text/JavaScript" src="./sfc-setting.js"></script>
<!-- Vue.js 3.x -->
<script src="https://cdn.jsdelivr.net/npm/vue@3.2.33/dist/
    vue.global.js"></script>
<!-- Vue.js 主程式 -->
<script type="text/JavaScript" src="./app.js"></script>
---- (略) ----
```

Vue.js 3.x 在載入 vue3-sfc-loader 套件後，依套件官方說明（參考連結：https://github.com/FranckFreiburger/vue3-sfc-loader），須取出套件的 loadModule 方法，並建立 options 設定，程式碼如下：

JS JavaScript vue3/ch05/5-1/3-sfc-register/sfc-setting.js

```javascript
const options = {
  moduleCache: {
    vue: Vue
  },
  async getFile(url) {

    const res = await fetch(url);
    if ( !res.ok )
      throw Object.assign(new Error(res.statusText + ' ' + url), { res });
    return {
      getContentData: asBinary => asBinary ? res.arrayBuffer() : res.text(),
    }
  },
  addStyle(textContent) {

    const style = Object.assign(document.createElement('style'),
      { textContent });
    const ref = document.head.getElementsByTagName('style')[0] || null;
    document.head.insertBefore(style, ref);
  },
}

const { loadModule } = window['vue3-sfc-loader'];
```

套件設定完成後，使用 loadModule 時，除了帶入 SFC 檔案路徑外，同時，須帶入 sfc-setting.js 檔案中的 options 設定，元件載入語法如下：

```javascript
var app = Vue.createApp({
    // ---- 略 ----
        components: {
            // Vue.js 3 須搭配 vue3-sfc-loader
            [元件名稱]: Vue.defineAsyncComponent(() =>
loadModule([SFC 檔案路徑], options))
        }
    // ---- 略 ----
});
app.mount('#app');
```

5-4 元件的屬性定義 – props

Vue.js 中建立的元件，可自定義屬性，接收從父層元件來的資料。元件屬性定義可使用 options API - props，內容可以陣列的方式定義元件所有屬性的名稱，JavaScript 的語法如下：

JS JavaScript

```javascript
// ---- (略) ----
    props: [
        '屬性 1', '屬性 2', ...
    ],
// ---- (略) ----
```

前述定義的方式，父層可傳遞任何資料類型的值給元件，且無法對資料進行驗證、給予合適的預設值。為了讓元件可以精準地取得合適的資料，Vue.js 提供了進階的屬性定義方式，以下為進階屬性定義的語法：

JS JavaScript

```
// ---- (略) ----
    props: {
        // 屬性名稱
        [屬性名稱]: {
            // 資料型態
            type: [String, Number],
            // 預設值 (父層使用元件時, 未指定值則代入)
            default: [預設值],
            // 父層是否必須給予值
            required: [true/false],
            // 驗證父層給予的值
            validator: function (value) {
                // 資料驗證
                return [true/false]
            }
        }
    },
// ---- (略) ----
```

上述語法中，屬性的定義可以包含：

◉ type：定義元件屬性的資料型態。未定義資料型態時，可帶入任何資料型態的值。定義時，可帶入的型態如下：

- String：文字字串，例：'abc'

- Number：數字，例：100

- Boolean：數字，例：true、false

- Function：函式，例：function() {}

- Object：物件，例：{ name: 'test' }

- Array：陣列，例：[1, 2, 3, 4, 5]

- 自定義：自定義類別，例：new Car

- default：定義元件屬性的預設值。當父層使用元件時，未在元件屬性賦值時，元件將帶入此預設值。

- required：定義父層元件使用時，是否必須給予屬性值，未設定 required 時，預設為 false，代表父層可不賦值。若 Required 設置為 true 時，則父層元件使用時，必須給予值。

- validator：驗證父層給予的值是否合法，使用 callback function 定義，callback function 的回應必須是佈林值（Boolean）

定義完元件屬性後，在父層元件樣板使用元件時，可有元件標籤中，以屬性的方式直接賦值或使用 v-bind 的方式賦值，程式範例如下：

JS JavaScript

```
// ---- (略) ----
<!-- 直接賦值 -->
<元件名稱 [屬性名稱]="[屬性值]" ></元件名稱>
<!-- 使用 v-bind 動態給值 -->
<元件名稱 v-bind:[屬性名稱]="[資料模型屬性(data)]/[自定義組合變數
    (computed)]]/JS 表示式"></元件名稱>
// ---- (略) ----
```

範例 5-2 圖卡顯示張數切換 – props

圖 5-9　圖卡顯示張數切換預設頁面

範例 5-2 將透過「圖卡顯示張數切換」範例學習元件製作及 Option API－props 的使用。如圖 5-9 執行結果所示，在範例中，將建立以下部份：

- 建立圖卡清單元件

- 建立「顯示圖卡張數」輸入方塊

- 在 Vue.js 渲染區域使用「圖卡清單元件」，顯示圖片張數依據使用者輸入的數量顯示

Ⅴ Vue SFC   vue3/ch05/5-2/components/image-card.vue

```javascript
// ---- ( template 略 ) ----
<script type="text/JavaScript">
module.exports = {
    name: 'image-card',
    props: {
        imageList: {
            // 資料型態
            type: [ Array ],
            // 預設值（父層使用元件時，未指定值則代入）
            default: [],
        },
        visibleNumber: {
            // 資料型態
            type: [ Number, String ],
            // 預設值（父層使用元件時，未指定值則代入）
            default: 3,
            // 驗證父層給予的值
            validator: function (value) {
                return value > 0 && value <= 5
            },
        }
    },
    computed: {
        visibleList() {
```

```
            const self = this;
            let list = [];
            this.imageList.forEach(function(item, index) {
                if(self.visibleNumber > index) {
                    list.push(item);
                }
            })
            return list;
        }
    }
}
</script>
// ---- ( style 略 ) ----
```

SFC 檔中包含樣版（template）、Vue.js 程式（script）及樣式（style）等三個部份。首先，我們來看 Vue.js 程式，本例 SFC 檔案使用 Vue.js Option API 裡的 props 定義元件屬性來接收父層來的資料，屬性定義表 5-1 所列資料。

表 5-1　圖卡清單 props 定義屬性

屬性名稱	資料型態	預設值	用途
imageList	Array	空陣列	儲存圖片清單資訊
visibleNumber	Number 或 String	3	可顯示圖片張數

定義完元件屬性後，使用 computed 定義 visibleList，將父層所提供的 imageList 作為所有圖片資料資訊，依據 visibleNumber 所給予的數值，取出可顯示的圖片清單資訊。例：預設值為 3 時，將取出圖片清單資訊中的前 3 筆圖片資訊。

 Vue SFC　vue3/ch05/5-2/components/image-card.vue

```
<template>
    <div :class="`image-card-container-${visibleNumber}`">
        <div
```

```
                class="card"
                v-for="(image, index) in visibleList"
                :key="index"
            >
            <img :src="image.src" class="card-img-top">
            <div class="card-body">{{ image.name }}</div>
        </div>
    </div>
</template>
// ---- ( script 略 ) ----
// ---- ( style 略 ) ----
```

元件的屬性及自定義組合變數定義完成後，接著需要建立元件的樣板，樣板內容如下：

◉ 建立 Root Element－<div>標籤，並在 class 以 v-bind 的方式，以「image-card-container-」為開頭，後面帶入可顯示個數，例：預設值為 3 時，class 名稱會動態渲染為「image-card-container-3」

◉ 在 Root Element 裡建立<div class="card">標籤，並使用 v-for 綁定 visibleList

◉ <div class="card">標籤內部將建立以下內容：

  ● 將陣列元素的 src 屬性綁定至<img>標籤的 src 屬性

  ● 將陣列元素的 name 屬性以文字綁定的方式，綁定至<div class="card-body">標籤內容中

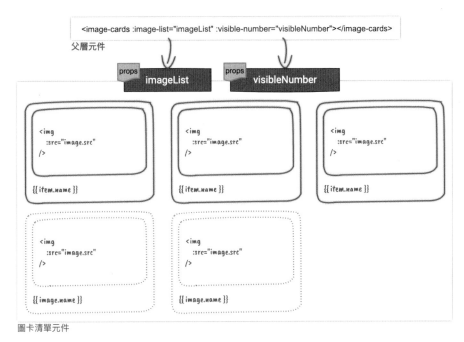

圖 5-10　圖卡清單資料接收及顯示概念圖

　　本範例建立的圖卡清單元件，如圖 5-10 所示，在 props 建立兩個個元件屬性－imageList 及 visibleNumber，我們可將元件屬性看作接收器，當父層元件引用圖卡清單元件時，使用 v-bind 的方式，將父層元件的資料傳送給圖卡清單元件。圖卡清單元件便依據傳進來的資訊，進行圖卡的顯示或隱藏處理。以顯示圖卡張數預設值（3）為例，當傳入至「圖卡清單元件」後，清單中的 5 張圖卡資訊，僅會顯示前 3 張，後面 2 張將隱藏。

JS JavaScript　vue3/ch05/5-2/app.js

```
var app = Vue.createApp({
    data: function() {
        return {
            visibleNumber: 3,
            imageList: [
```

```
                { src: "./images/slide-01.jpg", name: '圖片 01', },
                { src: "./images/slide-02.jpg", name: '圖片 02', },
                { src: "./images/slide-03.jpg", name: '圖片 03', },
                { src: "./images/slide-04.jpg", name: '圖片 04', },
                { src: "./images/slide-05.jpg", name: '圖片 05', },
            ],
        };
    },
    components: {
        'image-cards': Vue.defineAsyncComponent(() => loadModule
            ('./components/image-cards.vue', options))
    }
});
app.mount('#app');
```

緊接著來看 Vue.js 的主程式。圖卡清單元件可在 Vue.js 主程式的 components 註冊，註冊過的元件才可在 Vue 實體渲染的區域中引用，本例中圖卡清單元件註冊名稱為 image-cards，註冊完成後可在 Vue 實體渲染區域以<image-cards>標籤引用元件。

如圖 5-10 所示，本範例建立資料模型中建立 imageList 儲存 5 筆圖片清單資料，以及 visibleNumber 儲存使用者輸入的顯示圖卡張數如表 5-2 所記。

表 5-2　圖卡顯示張數切換範例資料模型

屬性名稱	資料型態	用途
imageList	Array	儲存圖片清單資訊
visibleNumber	Number 或 String	可顯示圖片張數

```
<div id="app">
    顯示圖卡張數：<input type="text" v-model="visibleNumber">
    <image-cards
        :image-list="imageList"
        :visible-number="visibleNumber"
    ></image-cards>
</div>
```

　　Vue 實體渲染的區域也可視為一個元件，引用了圖卡清單元件後，可視為圖卡清單的父層元件。Vue.js 主程式渲染的區域中，將作以下處理：

◉ 以<input type="text">標籤建立文字方塊，並以 v-model 綁定 visibleNumber 雙向綁定使用者輸入的「顯示圖卡張數」資訊

◉ 以<image-cards>標籤引用元件，並以 v-bind 的方式綁定 imageList 及 visibleNumber，將圖片清單及使用者輸入的可顯示圖片張數資訊帶進 image-cards 元件

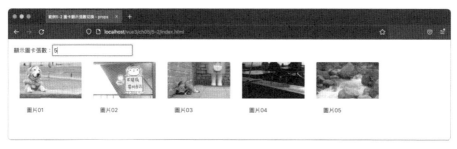

圖 5-11　圖卡清單輸入顯示圖卡 5 張結果畫面

　　程式撰寫完成後，我們可執行網頁，並輸入顯示圖卡 5 張，畫面將如圖 5-11 所示，由原本預設的 3 張圖卡，變更為 5 張圖卡。

5-5 元件事件的傳遞 – $emit

使用 Vue.js 設計元件時，資料傳遞為雙向的。子元件可使用 props 定義與接收從父層元件來的資料，當元件內部發生事件或是有資料需要通知父層時，可使用 Vue 實體方法 - $emit，將發生的事件或是資料往父層傳送。$emit 使用語法如下：

JS JavaScript　子元件程式

```
this.$emit([事件名稱], [傳遞資料])
```

$emit 方法有 2 個參數，第一個參數定義了「事件名稱」，在父層元件接收事件與監聽 DOM 事件相同，使用 v-on 監聽子元件，語法如下：

HTML5　父元件樣板

```
<child-component v-on:[事件名稱]="[處理方法名稱]"></child-component>
```

$emit 的第二個參數為傳遞資料的名稱，在父元件中，須在 methods 建立事件處理方法，其方法的第一個參數為子元件的「傳遞資料」，語法如下：

JS JavaScript　父元件程式

```
// ---- (略) ----
methods: {
    [處理方法名稱]([傳遞資料]) {
        // 處理接收資料
    },
},
// ---- (略) ----
```

　　範例 5-3 將透過「圖卡點擊事件」範例學習使用 $emit 方法傳遞事件及資料。如圖 5-12 執行結果所示，本範例達成目標：

◉ 建立圖卡清單元件

◉ 在 Vue.js 渲染區域顯示「圖卡清單元件」

◉ 當點擊圖卡時，將顯示點擊的圖卡名稱

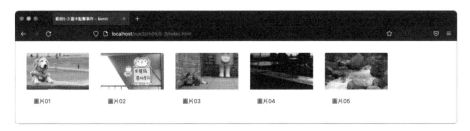

圖 5-12　圖卡清單

▼ **Vue SFC**　vue3/ch05/5-3/components/image-card.vue

```javascript
// ---- ( template 略 ) ----
<script type="text/JavaScript">
module.exports = {
    name: 'image-card',
    props: {
        imageList: {
            // 資料型態
            type: [ Array ],
            // 預設值（父層使用元件時，未指定值則代入）
            default: [],
        },
    },
    methods: {
        clickImage(imageName) {
            this.$emit('click-image-card', imageName);
```

```
        }
    }
}
</script>
// ---- ( style 略 ) ----
```

　　本例 SFC 檔案在 props 中定義 imageList 接收從父層傳來的圖片清單資訊，並在 methods 建立 clickImage 方法給滑鼠點擊事件觸發時使用。在 clickImage 方法中，使用 $emit 建立 click-image-card 事件，並將取得的圖片名稱（imageName）傳往父層。

V Vue SFC vue3/ch05/5-3/components/image-card.vue

```
<template>
    <div class="image-card-container">
        <div
            class="card"
            v-for="(image, index) in imageList"
            :key="index"
            @click="clickImage(image.name)"
        >
            <img :src="image.src" class="card-img-top">
            <div class="card-body">{{ image.name }}</div>
        </div>
    </div>
</template>
// ---- ( JavaScript 略 ) ----
// ---- ( style 略 ) ----
```

　　元件的屬性及方法定義完成後，建立元件的樣板內容如下：

- 建立 Root Element - <div class=" image-card-container">標籤

- 在 Root Element 裡建立<div class="card">標籤，並使用 v-for 綁定 visibleList

- <div class="card">標籤使用@click 監聽滑鼠點擊事件，並執行 clickImage 方法時，須帶入圖片名稱（image.name）
- <div class="card">標籤內部將建立以下內容：
  - 將陣列元素的 src 屬性綁定至<img>標籤的 src 屬性
  - 將陣列元素的 name 屬性以文字綁定的方式，綁定至<div class="card-body">標籤內容中

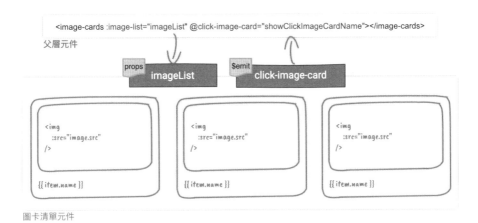

圖 5-13　props 與 $emit 概念圖

　　本範例建立的圖卡清單元件，如圖 5-13 所示，在 props 建立元件屬性 – imageList 接收從父層元件傳來的圖卡清單資訊，並依據傳進來的資訊將圖卡渲染出來。當使用者在頁面中點選圖卡時，圖卡清單元件將透過 $emit 通知父層元件 click-image-card 事件已觸發，父層元件可使用 v-on 監聽 click-image-card 事件，並將接收的圖卡名稱以跳出通知視窗的方式顯示出來。

JS JavaScript　vue3/ch05/5-3/app.js

```javascript
var app = Vue.createApp({
    data: function() {
        return {
```

```
        imageList: [
            { src: "./images/slide-01.jpg", name: '圖片 01', },
            { src: "./images/slide-02.jpg", name: '圖片 02', },
            { src: "./images/slide-03.jpg", name: '圖片 03', },
            { src: "./images/slide-04.jpg", name: '圖片 04', },
            { src: "./images/slide-05.jpg", name: '圖片 05', },
        ],
    };
},
methods: {
    showClickImageCardName(imageName) {
        alert(imageName);
    },
},
components: {
    'image-cards': Vue.defineAsyncComponent(() => loadModule
        ('./components/image-cards.vue', options))
}
});
app.mount('#app');
```

　　緊接著來看 Vue.js 的主程式。首先，圖卡清單元件須在 components 註冊，註冊名稱為 image-cards，註冊完成後可在 Vue 實體渲染區域以 <image-cards>標籤引用元件。

　　如圖 5-12 所示，本範例在 data 建立資料模型中建立 imageList 儲存 5 筆圖片清單資料，並在 methods 建立 showClickImageCardName 方法，以 alert 的方式將接收到的圖卡名稱（imageName）顯示出來。

HTML5 vue3/ch05/5-3/index.html

```
<div id="app">
    <image-cards
        :image-list="imageList"
        @click-image-card="showClickImageCardName"
```

```
    ></image-cards>
</div>
```

完成 Vue.js 主程式後，在 Vue 實體渲染的區域引用了圖卡清單元件，作以下處理：

◉ 將資料模型中的 imageList 以 v-bind 的方式傳入圖卡清單元件

◉ 以 v-on 的方式監聽圖卡清單元件的 click-image-card 事件，並執行 showClickImageCardName 方法，將點擊的圖卡名稱顯示出來。

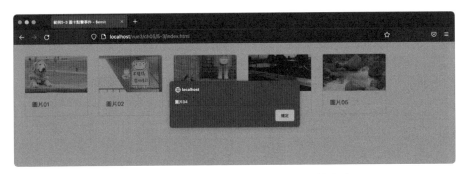

圖 5-14　圖卡清單輸入顯示圖卡 5 張結果畫面

程式撰寫完成後，我們可執行網頁，當點擊「圖片 04」時，畫面將如圖 5-14 所示，跳出 Alert 視窗，並將點擊的圖卡名稱「圖片 04」文字顯示出來。

5-6 子元件的參照 – $refs

子元件透過使用 $emit 可通知父層元件發生的事件，父層元件接收通知後開始程式處理，這對於父層元件來說，屬於被動的處理。若父層要主動執行子元件的方法時，可透過 Vue 實體的全域變數 $refs 協助，直接取得該元件，執行子元件中的方法。

範例 5-4　圖卡底色更換 – 執行 $refs 元件裡的方法

圖 5-15　圖卡底色更換預設畫面

範例 5-4 將透過「圖卡底色更換」範例學習使用 $refs 主動執行子元件中的方法。如圖 5-15 預設畫面所示，本範例的目標如下：

- 建立圖卡清單元件，並於畫面中引入「2 個」圖卡清單元件

- 建立 select 選單，讓使用者選擇圖卡清單元件

- select 選到的圖卡清單元件，其文字顯示的部份須變為灰底白字

V Vue SFC　vue3/ch05/5-4/components/image-card.vue

```
// ---- ( template 略 ) ----
<script type="text/JavaScript">
module.exports = {
    name: 'image-card',
```

```
    data: function() {
        return {
            isDark: false,
        };
    },
    props: {
        imageList: {
            // 資料型態
            type: [ Array ],
            // 預設值（父層使用元件時，未指定值則代入）
            default: [],
        },
    },
    methods: {
        changeBlackStyle() {
            this.isDark = true;
        }
    }
}
</script>
// ---- ( style 略 ) ----
```

本例 SFC 檔案的 script 撰寫以下 3 個部份：

◉ 在 data 建立元件的資料模型屬性 – isDark，預設為 false，代表元件圖卡樣式為白底黑字，當值為 true 時，代表圖卡樣式須顯示灰底白字

◉ 在 props 定義 imageList 接收從父層傳來的圖片清單資訊

◉ 在 methods 建立 changeBlackStyle 方法，執行方法後，會將 isDark 改為 true，告訴元件圖卡樣式須改為灰底白字

Vue SFC vue3/ch05/5-4/components/image-card.vue

```
// ---- ( template 略 ) ----
// ---- ( JavaScript 略 ) ----
<style type="text/css">
// ---- (略) ----
.card.dark .card-body {
    background: #333;
    color: #fefefe;
}
</style>
```

為了改變圖卡樣式，本例須在<style>區域建立「.card.dark .card-body」class 樣式告知當<div>標籤的 class 屬性同時有 card 及 dark 時，在 class 名稱為 card-body 的<div>標籤樣式須改為灰底白字。

Vue SFC vue3/ch05/5-4/components/image-card.vue

```
<template>
    <div class="image-card-container">
        <div
            class="card"
            :class="{ dark: isDark }"
            v-for="(image, index) in imageList"
            :key="index"
        >
            <img :src="image.src" class="card-img-top">
            <div class="card-body">{{ image.name }}</div>
        </div>
    </div>
</template>
// ---- ( JavaScript 略 ) ----
// ---- ( style 略 ) ----
```

元件的屬性及方法定義完成後，建立元件的樣板內容如下：

⊙ 建立 Root Element－<div class=" image-card-container">標籤

⊙ 在 Root Element 裡建立<div class="card">標籤，並使用 v-for 綁定 imageList

⊙ <div class="card">標籤內部將建立以下內容：

- 將陣列元素的 src 屬性綁定至<img>標籤的 src 屬性
- 將陣列元素的 name 屬性以文字綁定的方式，綁定至<div class ="card-body">標籤內容中

JS JavaScript vue3/ch05/5-4/app.js

```javascript
var app = Vue.createApp({
    data: function() {
        return {
            selectRef: '',
            imageList1: [
                { src: "./images/slide-01.jpg", name: '圖片 01', },
                { src: "./images/slide-02.jpg", name: '圖片 02', },
                { src: "./images/slide-03.jpg", name: '圖片 03', },
            ],
            imageList2: [
                { src: "./images/slide-03.jpg", name: '圖片 03', },
                { src: "./images/slide-04.jpg", name: '圖片 04', },
                { src: "./images/slide-05.jpg", name: '圖片 05', },
            ],
        };
    },
    watch: {
        selectRef: function(newRefName) {
            if(this.$refs[newRefName] !== undefined) {
                this.$refs[newRefName].changeBlackStyle();
            }
        }
```

```
    },
    components: {
        'image-cards': Vue.defineAsyncComponent(() => loadModule
            ('./components/image-cards.vue', options))
    }
});
app.mount('#app');
```

緊接著來看 Vue.js 的主程式，撰寫內容如下：

⦿ 在 components 註冊名稱為 image-cards 的圖卡清單元件

⦿ 在 data 建立資料模型中建立 imageList1 與 imageList2，並各儲存 3
  筆圖片清單資料，並建立 selectRef 儲存選擇的圖卡清單元件 ref
  名稱

⦿ 在 watch 監聽 selectRef 資料變化，當選擇的值產生變化時，將取
  得 的 新 值 以 this.$refs 找 出 元 件，並 直 接 執 行 元 件 內 部 的
  changeBlackStyle 方法，將圖卡改為灰底白字

HTML5 vue3/ch05/5-4/index.html

```html
<div id="app">
    <select v-model="selectRef">
        <option value="">請選擇</option>
        <option value="list-1">list-1</option>
        <option value="list-2">list-2</option>
    </select>
    <image-cards ref="list-1" :image-list="imageList1">
        </image-cards>
    <image-cards ref="list-2" :image-list="imageList2">
        </image-cards>
</div>
```

完成 Vue.js 主程式後，在 Vue 實體渲染的區域引用了圖卡清單元件，作以下處理：

- 建立 select 表單元件，提供 list-1 及 list-2 選項給使用者選擇
- 引入二個 image-cards 元件，ref 名稱分別給予 list-1 及 list-2，且 image-list 的資料分別綁定資料模型中的 imageList1 及 imageList2 屬性

圖 5-16　圖卡清單輸入顯示圖卡 5 張結果畫面

程式撰寫完成後，我們可執行網頁，當選擇「list-2」時，畫面將如圖 5-16 所示，ref 名稱為「list-2」的元件樣式變為灰底白字了。

5-7 元件資料雙向綁定

🔍 元件 v-model 運作原理

元件中具有 props 讓父層元件將資料往子元件送，也有 $emit 讓子元件可以將資料往父層元件送。透過 props 及 $emit 的功用，即可實現元件的資料雙向綁定功能。假設，使用元件時，想要將「searchText」屬性進行雙向綁定，程式碼如下：

HTML5

```
<component v-model="searchText"></component>
```

Vue.js 2 程式裡元件的 v-model 為以下程式碼的縮寫：

HTML5

```
<component
    v-bind:value="searchText"
    v-on:input="newValue => searchText = newValue"
></component>
```

假設父層元件有 searchText 屬性想以 v-model 進行資料雙向綁定。首先，父層元件以 v-bind 的方式將 searchText 屬性值傳遞給子元件的 value 屬性，當元件發生資料更新時，會以 $emit 送出 input 事件，並將新值傳給父層元件。父層元件以 v-on 監聽 input 事件，當事件發生時，取得新值更新至 searchText。

Vue.js 3 程式中遵循相同的邏輯，不同的地方在於 v-bind 綁定的元件屬性為 model-value，以及 $emit 送出的事件為 update:model-value，故程式碼將更改如下：

```html
<conponent
    v-bind:model-value="searchText"
    v-on:update:model-value="newValue => searchText = newValue"
></conponent>
```

🔍 元件建立雙向綁定屬性方法

元件建立雙向綁定資料屬性由於 Vue.js 2 與 Vue.js 3 預設屬性的不同，故建立程式碼也會略有不同，Vue.js 2 的範例程式如下：

JS JavaScript

```javascript
Vue.component('example-component', {
    props: ['value'],
    template: `
        <input type="text" v-model="modelValue" />
    `,
    computed: {
        modelValue: {
            get() {
                return this.value
            },
            set(value) {
                this.$emit('input', value)
            }
        },
    },
});
```

按上述程式來看，元件中建立資料雙向綁定特性時，須設置以下幾個部份：

◉ props 接收資料屬性，Vue.js 2 為 value 屬性

05
CH

元件製作

5-37

⊙ $emit 通知父元件更新資料事件：Vue.js 2 通知事件名稱預設為 input

⊙ 元件內部資料雙向綁定屬性：建立自定義組合變數－modelValue，並設置 getter 及 setter，使 modelValue 在元件內部當成雙向綁定的參數給<input>標籤使用。

Vue.js 3 在元件中建立雙向綁定資料屬性時，與 Vue.js 2 不同在於 props 須由 value 改為 modelValue；$emit 事件名稱由 input 改為 update:modelValue；自定義組合變數由 modelValue 改為 value，程式範例如下：

JS JavaScript

```
Vue.component('example-component', {
    props: ['modelValue'],
    template: `
        <input v-model="value" />
    `,
    computed: {
        value: {
            get() {
                return this.modelValue
            },
            set(value) {
                this.$emit('update:modelValue', value)
            }
        },
    },
});
```

範例 5-5　活動報名表單

圖 5-17　活動報名表單預設畫面

　　範例 5-5 將透過「活動報名表單」範例學習建立具備雙向綁定屬性的元件。本範例執行預設畫面如圖 5-17。在範例中須建立以下項目：

◉ 建立雙向綁定元件：

- 文字方塊元件－text-field

- 單選選單元件－select-field

- 單選圓鈕元件－radio-box

- 核取方塊元件－check-box

◉ 表單中須建立以下項目：

- 姓名：使用文字方塊元件給使用者輸入

- 性別：使用單選圓鈕元件給使用者選擇
- 聯絡電話：使用文字方塊元件給使用者輸入
- 想參加的活動：須複選，使用核取方塊元件供使用者選擇
- 交通方式：使用單選選單元件給使用者選擇
- 設置「送出」按鈕，當點選時，於頁面下方顯示輸入內容

本例中將會建立 4 個表單用的元件，script 程式碼基本內容如下：

Vue SFC　欄位元件 SFC Script 格式

```javascript
<script type="text/JavaScript">
module.exports = {
    // ---- （設置元件名稱）----
    name: '元件名稱',
    props: {
        // v-model 用屬性
        modelValue: {
            type: String,
            default: '',
        },
        // 欄位名稱屬性
        columnName: {
            type: String,
            default: '',
        },
        // ---- （以下可放客製化元件屬性）----
    },
    computed: {
        // v-model 用變數
        value: {
            get() {
                return this.modelValue
            },
            set(value) {
                this.$emit('update:modelValue', value)
```

```
            }
        },
    },
}
</script>
```

上述 Script 程式碼中，可分為 3 個部份：

◉ name：輸入元件命名名稱，使用 Vue Dev Tool 時，可在介面標籤
名稱，變得更清晰易讀。

◉ props：元件建立 2 個基本屬性，modelValue 接收父層元件 v-model
傳來的值，columnName 接收由父層元件設置的表單欄位名稱。

◉ computed：建立 value 自定義組合變數，並設置 getter 及 setter 方
法，給元件內部的表單元件使用，getter 方法回應由父層 v-model
接收到的 modelValue，settter 方法當 value 值變動時，以 $emit 設
置 update:modelValue 事件，將新值回應給父層 v-model 綁定的資
料。

▼ **Vue SFC** 欄位元件 SFC 樣板格式

```
<template>
    <div class="form-group row">
        <label class="col-sm-2 col-form-label">
            {{ columnName }}
        </label>
        <div class="col-sm-10">
            // ---- (表單元件放置處) ----
        </div>
    </div>
</template>
```

表單元件的樣板使用 bootstrap 的排版，並在顯示欄位名稱的地方以文字綁定的方式綁定 props 的 columnName 屬性。在<div class="col-sm-10">標籤可設置<select>等表單元件，並以 v-model 雙向綁定自定義組合變數 value。了解了表單元件的基礎格式後，接著來看本例中的四個表單元件。

首先，我們先建立「文字方塊」元件，程式碼如下：

 vue3/ch05/5-5/components/text-field.vue

```
<template>
    <div class="form-group row">
        <label class="col-sm-2 col-form-label">{{ columnName }}</label>
        <div class="col-sm-10">
            // ---- (表單元件放置處) ----
            <input
                type="text"
                class="form-control"
                :placeholder="placeholder"
                v-model="value"
            />
        </div>
    </div>
</template>

<script type="text/JavaScript">
module.exports = {
    // ---- (設置元件名稱) ----
    name: 'text-field',
    props: {
        // v-model 用屬性
        modelValue: {
            type: String,
            default: '',
        },
        // 欄位名稱屬性
```

```
        columnName: {
            type: String,
            default: '',
        },
        // ---- （以下可放客製化元件屬性） ----
        placeholder: {
            type: String,
            default: '',
        }
    },
    computed: {
        // v-model 用變數
        value: {
            get() {
                return this.modelValue
            },
            set(value) {
                this.$emit('update:modelValue', value)
            }
        },
    },
}
</script>
```

　　文字方塊元件以元件基礎格式為基礎，在「設置元件名稱」處給予元件名稱「text-field」，在「表單元件放置處」加入了<input type="text">標籤，並新增或調整以下項目：

◉ computed - value

　　文字方塊使用者輸入的值為字串（String），故在 modelValue 定義資料型態時，須定義為 String，並將自定義組合變數 - value 以 v-model 的方式綁定至<input>標籤上。

- props - placeholder

  HTML5 的文字方塊語法可以使用 placeholder 屬性，在文字方塊未輸入資料時，可顯示提示文字。本例中，在 props 定義資料型態為 String 的 placeholder 屬性，並以 v-bind 的方式綁定至<input>標籤的 placeholder 屬性上。

  接著，我們將建立「單選選單元件」元件，程式碼如下：

Vue SFC vue3/ch05/5-5/components/select-field.vue

```
<template>
    <div class="form-group row">
        <label class="col-sm-2 col-form-label">{{ columnName }}</label>
        <div class="col-sm-10">
            <!-- ---- (表單元件放置處) ---- -->
            <select
                class="form-control"
                v-model="value"
            >
                <option value="">請選擇</option>
                <option
                    v-for="(item, index) in items"
                    :key="index"
                    :value="item.value"
                >
                    {{ item.text }}
                </option>
            </select>
        </div>
    </div>
</template>

<script type="text/JavaScript">
module.exports = {
    // ---- (設置元件名稱) ----
```

```
    name: 'select-field',
    props: {
        // v-model 用屬性
        modelValue: {
            type: [ String, Number ],
            default: '',
        },
        // 欄位名稱屬性
        columnName: {
            type: String,
            default: '',
        },
        // ---- (以下可放客製化元件屬性) ----
        items: {
            type: Array,
            default: [],
        }
    },
    computed: {
        // v-model 用變數
        value: {
            get() {
                return this.modelValue
            },
            set(value) {
                this.$emit('update:modelValue', value)
            }
        },
    },
}
</script>
```

元
件
製
作

單選選單元件以元件基礎格式為基礎,在「設置元件名稱」處給予元件名稱「select-field」,在「表單元件放置處」加入了\<select\>標籤,並新增或調整以下項目:

◉ computed－value

單選選單元件輸入的值依據選單定義的值可為字串(String)或數字(Number),故在 modelValue 定義資料型態時,可在 type 屬性帶入陣列,裡面包含 String 與 Number,並將自定義組合變數－value 以 v-model 的方式綁定至\<input\>標籤上。

◉ props－items

由於每個選單元件均需要選項清單資訊,在設計此元件時,可在 props 定義資料型態為陣列(Array)的 items 屬性。items 陣列裡每個項目為 Object 格式,每個項目分別以 text 及 value 屬性代表選單項目的顯示文字及選項值。建立完 items 屬性後,在\<select\>標籤裡以 v-for 的方式,綁定 items 至\<option\>標籤。

接著,我們將建立「單選圓鈕元件」元件,程式碼如下:

▼ Vue SFC vue3/ch05/5-5/components/radio-box.vue

```
<template>
    <div class="form-group row">
        <label class="col-sm-2 col-form-label">{{ columnName }}</label>
        <div class="col-sm-10">
            <!-- ---- (表單元件放置處) ---- -->
            <div
                class="form-check"
                v-for="(item, index) in items"
                :key="index"
            >
                <input
                    class="form-check-input"
```

```
                        type="radio"
                        :value="item.value"
                        v-model="value"
                    />
                    <label class="form-check-label">
                        {{ item.text }}
                    </label>
                </div>
            </div>
        </div>
</template>

<script type="text/JavaScript">
module.exports = {
    // ---- (設置元件名稱) ----
    name: 'radio-box',
    props: {
        // v-model 用屬性
        modelValue: {
            type: String,
            default: '',
        },
        // 欄位名稱屬性
        columnName: {
            type: String,
            default: '',
        },
        // ---- (以下可放客製化元件屬性) ----
        items: {
            type: Array,
            default: [],
        }
    },
    computed: {
        // v-model 用變數
        value: {
            get() {
```

```
                return this.modelValue
            },
            set(value) {
                this.$emit('update:modelValue', value)
            }
        },
    },
}
</script>
```

單選圓鈕元件以元件基礎格式為基礎，在「設置元件名稱」處給予元件名稱「radio-box」，在表單元件放置處加入了<input type="radio">標籤，並新增或調整以下項目：

◉ computed – value

文字方塊使用者輸入的值為字串（String），故在 modelValue 定義資料型態時，須定義為 String，並將自定義組合變數–value 以 v-model 的方式綁定至<input>標籤上。

◉ props – items

與單選選單元件相同，每個單選圓鈕元件均需要選項清單資訊，可在 props 定義資料型態為陣列（Array）的 items 屬性。items 陣列裡每個項目為 Object 格式，每個項目分別以 text 及 value 屬性代表選單項目的顯示文字及選項值。

建立完 items 屬性後，在<div class="form-check">標籤裡以 v-for 的方式綁定陣列，綁定 items 至<option>標籤。

接著，我們將建立「核取方塊元件」元件，程式碼如下：

Ⅴ Vue SFC vue3/ch05/5-5/components/check-box.vue

```html
<template>
    <div class="form-group row">
        <label class="col-sm-2 col-form-label">{{ columnName }}</label>
        <div class="col-sm-10">
            <!-- ---- （表單元件放置處） ---- -->
            <div
                class="form-check"
                v-for="(item, index) in items"
                :key="index"
            >
                <input
                    class="form-check-input"
                    type="checkbox"
                    :value="item.value"
                    v-model="value"
                />
                <label class="form-check-label">
                    {{ item.text }}
                </label>
            </div>
        </div>
    </div>
</template>

<script type="text/JavaScript">
module.exports = {
    // ---- （設置元件名稱） ----
    name: 'check-box',
    props: {
        // v-model 用屬性
        modelValue: {
            type: Array,
            default: [],
```

```
        },
        // 欄位名稱屬性
        columnName: {
            type: String,
            default: '',
        },
        // ---- (以下可放客製化元件屬性) ----
        items: {
            type: Array,
            default: [],
        }
    },
    computed: {
        // v-model 用變數
        value: {
            get() {
                return this.modelValue
            },
            set(value) {
                console.log(value);
                this.$emit('update:modelValue', value)
            }
        },
    },
}
</script>
```

核取方塊元件以元件基礎格式為基礎，在「設置元件名稱」處給予元件名稱「check-box」，在表單元件放置處加入了 <input type="ckeckbox"> 標籤，並新增或調整以下項目：

◉ computed - value

核取方塊為多選的表單元件，故在 modelValue 定義資料型態時須定義為陣列（Array），並將自定義組合變數 - value 以 v-model 的方式綁定至每個 <input type="ckeckbox"> 標籤上。

- props－items

  與單選選單元件相同，每個核取方塊元件均需要選項清單資訊，可在 props 定義資料型態為陣列（Array）的 items 屬性。items 陣列裡每個項目為 Object 格式，每個項目分別以 text 及 value 屬性代表選單項目的顯示文字及選項值。

  建立完 items 屬性後，在<div class="form-check">標籤裡以 v-for 的方式綁定陣列，綁定 items 至<option>標籤。

  元件建立完成後，緊接著來看 Vue.js 的主程式。首先，將已建立的元件在主程式的 components 引入，程式碼如下：

05
CH

元
件
製
作

JS JavaScript vue3/ch05/5-5/app.js

```
// ---- (略) ----
    components: {
        // 文字方塊元件
        'text-field': Vue.defineAsyncComponent(() =>
loadModule('./components/text-field.vue', options)),
        // 單選選單元件
        'select-field': Vue.defineAsyncComponent(() =>
loadModule('./components/select-field.vue', options)),
        // 單選選單元件
        'radio-box': Vue.defineAsyncComponent(() =>
loadModule('./components/radio-box.vue', options)),
        // 複選選單元件
        'check-box': Vue.defineAsyncComponent(() =>
loadModule('./components/check-box.vue', options)),
    }
// ---- (略) ----
```

元件引入後，在 data 建立主程式的資料模型，程式碼如下：

JS JavaScript vue3/ch05/5-5/app.js

```javascript
// ---- (略) ----
    data: function() {
        return {
            // 表單資訊
            form: {
                fullName: '',
                gender: '',
                tel: '',
                willingness: [],
                transportation: '',
            },
            // 顯示資訊
            show: false,
            // 性別選單項目
            gender: [
                { text: '男', value: '男', },
                { text: '女', value: '女', },
            ],
            // 活動選單項目
            activities: [
                { text: '唱歌', value: '唱歌' },
                { text: '烤肉', value: '烤肉' },
                { text: '桌遊', value: '桌遊' },
                { text: '看展', value: '看展' },
            ],
            // 交通方式選單項目
            transportations: [
                { text: '搭遊覽車', value: '搭遊覽車' },
                { text: '自行騎車', value: '自行騎車' },
                { text: '自行開車', value: '自行開車' },
            ],
        };
```

```
    },
// ---- （略） ----
```

本例中的資料模型包含以下屬性：

- form：資料型態為 Object，有 fullName、gender、tel、willingness、transportation 等 5 個屬性，分別代表姓名、性別、聯絡電話、想參加的活動及交通方式等 5 個欄位已輸入的值。

- show：用於儲存使用者已送出的表單資訊。預設為 false，代表尚未送出。使用者點選送出後，將改為 form 相同的格式，具有 5 個欄位的輸入資訊。

- gender：資料型態為 Array，作為性別欄位的選項清單資訊用

- activities：資料型態為 Array，作為活動欄位的選項清單資訊用

- transportations：資料型態為 Array，作為交通欄位的選項清單資訊用

最後，在主程式中，建立給頁面「送出」按鈕被點選時執行的方法 – send()。send() 方法將執行當下表單的資訊存入資料模型的 show 屬性中，程式碼如下：

JS JavaScript vue3/ch05/5-5/app.js

```javascript
// ---- （略） ----
    methods: {
        // 送出
        send() {
            this.show = {
                fullName: this.form.fullName,
                gender: this.form.gender,
                tel: this.form.tel,
                willingness: this.form.willingness,
                transportation: this.form.transportation,
            };
```

```
        },
    },
// ---- （略） ----
```

完成 Vue.js 主程式後，接著來看主樣板的表單程式：

HTML5 vue3/ch05/5-5/index.html

```html
<!-- ---- （略） ---- -->
    <form>
        <!-- ---- （姓名欄位） ---- -->
        <text-field
            column-name="姓名"
            v-model="form.fullName"
            placeholder="請輸入您的姓名"
        ></text-field>
        <!-- ---- （性別欄位） ---- -->
        <radio-box
            column-name="性別"
            :items="gender"
            v-model="form.gender"
        ></radio-box>
        <!-- ---- （聯絡電話欄位） ---- -->
        <text-field
            column-name="聯絡電話"
            v-model="form.tel"
            placeholder="電話格式：(xx)xxxx-xxxx"
        ></text-field>
        <!-- ---- （想參加的活動欄位） ---- -->
        <check-box
            column-name="想參加的活動"
            v-model="form.willingness"
            :items="activities"
        ></check-box>
        <!-- ---- （交通方式欄位） ---- -->
        <select-field
            column-name="交通方式"
```

```
            v-model="form.transportation"
            :items="transportations"
       ></select-field>

       <!-- ---- （送出按鈕） ---- -->
       <button type="button" class="btn btn-primary" @click="send">
           送出</button>
   </form>
<!-- ---- （表單元件放置處） ---- -->
```

表單主程式樣板中各欄位引用說明分別如下：

◉ 「姓名」欄位：為文字輸入欄位，使用 text-field 元件，column-name
填入欄位名稱「姓名」，placeholder 填入提醒文字「請輸入您的姓
名」，並以 v-model 雙向綁定 data 的 form.fullName 屬性。

◉ 「性別」欄位：為圓鈕選項欄位，使用 radio-box 元件，column-name
填入欄位名稱「性別」，items 以 v-bind 綁定 data 的 gender 屬性讓
元件產生性別選項，並以 v-model 雙向綁定 data 的 form.fullName
屬性。

◉ 「聯絡電話」欄位：為文字輸入欄位，使用 text-field 元件，
column-name 填入欄位名稱「聯絡電話」，placeholder 填入提醒文
字「電話格式：(xx)xxxx-xxxx」，並以 v-model 雙向綁定 data 的
form.tel 屬性。

◉ 「想參加的活動」欄位：為多選欄位，使用 check-box 元件，
column-name 填入欄位名稱「想參加的活動」，items 以 v-bind 綁
定 data 的 activities 屬性讓元件產生活動選項，並以 v-model 雙向
綁定 data 的 form.willingness 屬性。

◉ 「交通方式」欄位：為下拉選單欄位，使用 select-field 元件，
column-name 填入欄位名稱「交通方式」，items 以 v-bind 綁定 data

的 transportations 屬性讓元件產生交通方式選項，並以 v-model 雙
向綁定 data 的 form.transportation 屬性。

欄位元件設置及綁定完成後，在元件下方建立「送出」按鈕，並以
「v-on」 監聽「click」事件執行「send()」方法。程式碼如下：

HTML5 vue3/ch05/5-5/index.html

```html
<!-- ---- （略） ---- -->
    <form>
        <!-- （元件程式略） -->

        <!-- ---- （送出按鈕） ---- -->
        <button type="button" class="btn btn-primary" @click="send">
            送出</button>
    </form>
<!-- ---- （表單元件放置處） ---- -->
```

最後，使用<div class="form-info">標籤建立送出表單資訊的顯示
區域，以 data 中的 show 判斷是否顯示，並在<div class="form-info">
標籤內容處以文字綁定的方式綁定表單資料，程式碼如下：

HTML5 .vue3/ch05/5-5/index.html

```html
<!-- ---- （略） ---- -->
    <div class="form-info" v-if="show">
        送出表單資訊：
        <ul>
            <li>姓名：{{ show.fullName }}</li>
            <li>性別：{{ show.gender }}</li>
            <li>聯絡電話：{{ show.tel }}</li>
            <li>想參加的活動：{{ show.willingness.join(',') }}</li>
            <li>交通方式：{{ show.transportation }}</li>
        </ul>
    </div>
<!-- ---- （略） ---- -->
```

本範例程式完成後，輸入送出如下圖：

圖 5-18　活動報名表單資訊送出畫面

5-8 動態元件載入 – <component>標籤

Vue.js 程式建立元件後，除了可使用 components 中註冊的元件名稱作為標籤使用外，也提供了<component>標籤引用元件。<component>標籤中以 is 屬性使所帶入的元件名稱決定要引用的元件，語法如下：

 Vue SFC HTML/SFC

```
<component is="[元件註冊名稱]"></component>
```

假設我們在 Vue.js 的 components 中註冊了元件名稱為 text-field，使用<component>標籤引入樣板中，程式碼如下：

 Vue SFC HTML/SFC

```
<component is="text-field"></component>
```

當元件中具有屬性或雙向綁定時，可以直接在<component>標籤中直接帶入元件的屬性或以 v-model 綁定資料模型的屬性。假設名為 example 元件具有 field-name 屬性，且已建立雙向綁定的特性，field-name 屬性值要設為「範例欄位」並綁定資料模型的 fieldValue 屬性時，可改寫前述程式如下：

Vue SFC HTML/SFC

```
<component
    is="text-field"
    field-name="範例欄位"
    v-model="fieldValue"
></component>
```

範例 5-6 活動報名表單 – 動態元件載入

範例 5-5 建立了 text-field、select-field、check-box 及 radio-box 等 4 個表單元件。範例 5-6 將以此為基礎改寫，學習使用<component>標籤動態載入元件至樣板，使樣板程式變得更精簡。

首先，動態載入標籤，須先建立欄位的設定參數，本例中使用自定義組合變數 – fields 作為欄位的設定參數，程式碼如下：

```javascript
// ---- (略) ----
    computed: {
        fields: function() {
            return [
                {
                    component_name: 'text-field',
                    id: 'fullName',
                    column_name: '姓名',
                    placeholder:'請輸入您的姓名'
                },
                {
                    component_name: 'radio-box',
                    id: 'gender',
                    column_name: '性別',
                    items: this.gender
                },
                {
                    component_name: 'text-field',
                    id: 'tel',
                    column_name: '聯絡電話',
                    placeholder:'電話格式：(xx)xxxx-xxxx'
                },
                {
                    component_name: 'check-box',
                    id: 'willingness',
                    column_name: '想參加的活動',
                    items: this.activities
                },
                {
                    component_name: 'select-field',
                    id: 'transportation',
                    column_name: '交通方式',
                    items: this.transportations
                },
            ];
```

```
        },
    },
// ---- (略) ----
```

在自定義組合變數中，陣列中的每個項目均有以下 3 個屬性：

- ◉ component_name：作為記錄元件名稱資訊
- ◉ id：作為記錄表單輸入資訊的變數名稱，它將對應資料模型的 form 及 show 兩個屬性裡的屬性名稱
- ◉ column_name：作為顯示欄位名稱資訊

除了上述 3 個屬性外，每個項目依據元件的特性，再加入以下屬性：

- ◉ placeholder：text-field 欄位特有屬性，記錄元件需顯示的提醒文字
- ◉ items：select-field、check-box、radio-box 等 3 個元件的特有屬性，記錄元件需要的選項資訊

建立完成後，元件在樣板中的引入程式如下：

JS JavaScript vue3/ch05/5-6/index.html

```html
<!-- ---- (略) ---- -->
    <form>
        <component
            v-for="(info, index) in fields"
            :key="index"
            :is="info.component_name"
            :column-name="info.column_name"
            :items="info.items"
            :placeholder="info.placeholder"
            v-model="form[info.id]"
        ></component>

        <button type="button" class="btn btn-primary" @click="send">
            送出</button>
```

```
    </form>
<!-- ---- (略) ---- -->
```

在樣板程式中，使用<component>標籤並以 v-for 的方式載入欄位的設定參數，並在每個 v-for 迴圈的項目中以 v-bind 的方式綁定<component>標籤的以下屬性：

- ◉ key：以 v-for 帶出的索引值 index 作為給 v-for 的 key 值
- ◉ is：<component>標籤必填屬性，代表要引入的元件名稱，綁定以 v-for 帶出陣列項目 info 的 component_name 屬性
- ◉ column-name：表單元件的欄位名稱屬性，綁定以 v-for 帶出陣列項目 info 的 column_name 屬性
- ◉ items：select-field、check-box 及 radio-box 表單元件的選項清單資訊屬性，綁定以 v-for 帶出陣列項目 info 的 items 屬性
- ◉ placeholder：text-field 表單元件的提醒文字屬性，綁定以 v-for 帶出陣列項目 info 的 placeholder 屬性

最後，每個表單元件都有雙向綁定特性。透過 v-for 帶出的陣列項目－info，可得知 id 為表單參數名稱，故可將此作為 key 值，使用 v-model 的方式雙向綁定資料模型（data）中 form 的特定屬性。改寫完成後，讀者可試著執行網頁，結果將會與範例 5-5 相同。

5-9 元件的客製化區域 – slot

　　Vue.js 裡建立的元件，除了可與父層元件相互傳遞資料外，也提供了 slot 功能，使元件可設置客製化區域，當父層元件引用時，可以插入樣板內容至元件客製化區域。元件定義客製化區域語法如下：

Vue SFC Vue SFC 的 template 區域

```
<template>
    <!-- 客製化區域引用標籤 -->
    <slot></slot>
</template>
```

　　上述的程式中，元件在樣板中使用<slot>標籤建立客製化區域。當 Vue.js 主程式將元件註冊為 example-component 後，在樣板中引入元件時，可在元件標籤的內容中，帶入要插入的樣板內容。其語法如下：

Vue SFC

```
<example-component>
    <!-- 元件客製化區域 -->
    這是父層傳遞給子元件的客製化內容
</example-component>
```

　　主程式引用元件並插入樣板內容後，會將<example-component>標籤內容取代元件的<slot>標籤，渲染出的 HTML 如下：

HTML5

```
<div>
    這是父層傳遞給子元件的客製化內容
</div>
```

父元件引用元件時，父層元件使用 Option API 建立的資料或方法，均可在子元件的客製化區域使用。假設在父層的 data 有 message 屬性要綁定至 example-component 元件的客製化區域，程式語法如下：

Ｖ Vue SFC

```
<example-component>
    <!-- 元件客製化區域 -->
    {{ message }}
</example-component>
```

Vue.js 建立的元件，可透過賦予每個客製化區域不同的名稱，讓元件具有數個客製化區域。元件定義客製化區域語法如下：

Ｖ Vue SFC　　SFC 的 template 區域

```
<template>
    <div class="custom-area">
        <!-- 賦予名稱的客製化區域 -->
        <slot name="[客製化區域名稱]"></slot>
    </div>

    <!-- 客製化區域 - 預設 -->
    <slot></slot>
</template>
```

如上語法所示<slot>標籤中的 name 屬性可賦予客製化區域名稱，未設置名稱的客製化區域為預設的客製化區域。假設有個圖卡元件，有圖片及說明 2 個客製化區域，其中圖片區域為預設客製化區域，程式如下：

Ｖ Vue SFC　　Vue SFC 的 template 區域

```
<template>
    <div class="image-area">
        <!-- 客製化區域 - 預設(圖片) -->
```

```
        <slot></slot>
    </div>

    <div class="desc-area">
        <!-- 客製化區域 - 名為 desc-area 客製化區域 -->
        <slot name="desc-area"></slot>
    </div>
</template>
```

當上述元件註冊為 image-card 語法時，使用方式程式如下：

V Vue SFC

```
<image-card>
    <img :src="imagePath" />
    <template v-slot="desc-area">
        <div class="title">圖卡標題</div>
        <div class="desc">圖卡說明內容</div>
    </template>
</image-card>
```

當元件的客製化區域有預設及賦予名稱的區域時，渲染規則如下：

◉ 預設客製化區域

當父層元件引用元件後，在元件標籤裡的內容若未以<template>標籤帶入的區域，則為預設客製化區域的內容。以前面提及的 image-card 為例，以下內容將會插入預設客製化區域：

V Vue SFC

```
<img :src="imagePath" />
```

◉ 賦名客製化區域

引入元件須使用<template>標籤在其中撰寫插入至元件內部的樣板內容。<template>標籤的 v-slot 屬性輸入的值為「客製化區域名

稱」，它將對應元件中<slot>的 name 屬性。在渲染時，會將
<template>標籤內容渲染至元件對應的客製化區域。以前面提及的
image-card 為例，以下內容將會插入 desc-area 客製化區域：

```
<div class="title">圖卡標題</div>
<div class="desc">圖卡說明內容</div>
```

範例 5-7 網頁格局 – 切板

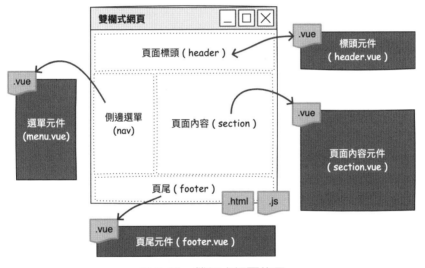

圖 5-19　雙欄式網頁格局

　　範例 5-7 將透過目前網頁中較為常見的雙欄式網頁格局學習建立
具有客製化區域的元件。雙欄式網頁格局如圖 5-19 所示頁面區分為頁
面標頭、側邊選單、頁面內容及頁尾等四個區域，並將每個區域拆為 4
個元件：

◉ 頁面標頭元件（header.vue）：Web 頁面的標頭，常見放置標題或
　個人功能按鈕

- ◉ 選單元件（menu.vue）：Web 頁面的選單區域

- ◉ 頁面內容元件（section.vue）：Web 應用程式各個功能頁主要的內容區域

- ◉ 頁尾元件（footer.vue）：Web 頁面的頁尾，通常放置麵包屑（Breadcrumb）或版權資訊

頁面標頭元件使用 HTML5 的<header>標籤，並以<slot>建立客製化區域，元件程式如下：

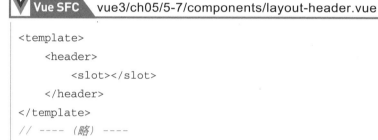 **Vue SFC** vue3/ch05/5-7/components/layout-header.vue

```
<template>
    <header>
        <slot></slot>
    </header>
</template>
// ---- (略) ----
```

選單元件使用 HTML5 的<nav>標籤，並以<slot>建立客製化區域，元件程式如下：

 **Vue SFC** vue3/ch05/5-7/components/layout-menu.vue

```
<template>
    <nav>
        <slot></slot>
    </nav>
</template>
// ---- (略) ----
```

頁面內容元件使用 HTML5 的\<section\>標籤，並以\<slot\>建立客製化區域，元件程式如下：

　vue3/ch05/5-7/components/layout-content.vue

```
<template>
    <section>
        <slot></slot>
    </section>
</template>
// ---- (略) ----
```

頁尾元件使用 HTML5 的\<footer\>標籤，並以\<slot\>建立客製化區域，元件程式如下：

　vue3/ch05/5-7/components/layout-footer.vue

```
<template>
    <footer>
        <slot></slot>
    </footer>
</template>
// ---- (略) ----
```

元件建立完成後，接著在 Vue.js 主程式中的 components 註冊元件，程式碼如下：

　vue3/ch05/5-7/app.js

```
var app = Vue.createApp({
    data: function() {
        return {};
    },
    components: {
        'layout-header': Vue.defineAsyncComponent(() => loadModule
            ('./components/layout-header.vue', options)),
```

```
          'layout-menu': Vue.defineAsyncComponent(() => loadModule
               ('./components/layout-menu.vue', options)),
          'layout-content': Vue.defineAsyncComponent(() => loadModule
               ('./components/layout-content.vue', options)),
          'layout-footer': Vue.defineAsyncComponent(() => loadModule
               ('./components/layout-footer.vue', options)),
     }
});
app.mount('#app');
```

　　如上程式所示，頁面標頭元件註冊名為 layout-header；選單元件註冊名為 layout-menu；頁面內容元件註冊名為 layout-content；頁尾註冊名為 layout-footer。註冊完成後，可直接在主樣板中引用各個頁面區域，程式碼如下：

HTML5 vue3/ch05/5-7/index.html

```
<div id="app">
    <layout-header>header</layout-header>
    <layout-menu>menu</layout-menu>
    <layout-content>content</layout-content>
    <layout-footer>footer</layout-footer>
</div>
```

　　引用頁面各區的元件後，在頁面標頭元件插入「header」文字至客製化區域；在選單元件插入「menu」文字至客製化區域；在頁面內容元件插入文字「content」至客製化區域；在頁尾元件插入文字「footer」至客製化區域。撰寫完成後，執行結果如圖 5-20 所示。

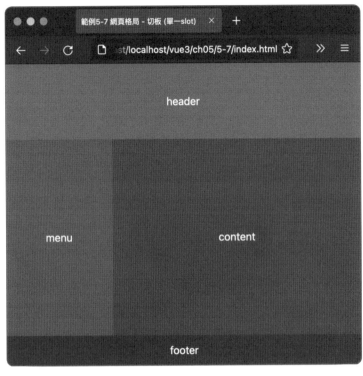

圖 5-20　頁面格局切版執行頁面

單頁式應用程式（SPA）

06

6-1 Vue.js SPA 架構

開發大型 Web 應用程式系統時，資料、頁面元件會越來越多，使得程式會變得更加複雜。這時候使用 SPA 架構將會協助我們更有效地管理 Vue.js 的程式碼。SPA 為 Single Page Application 的縮寫，意即單頁式應用程式。

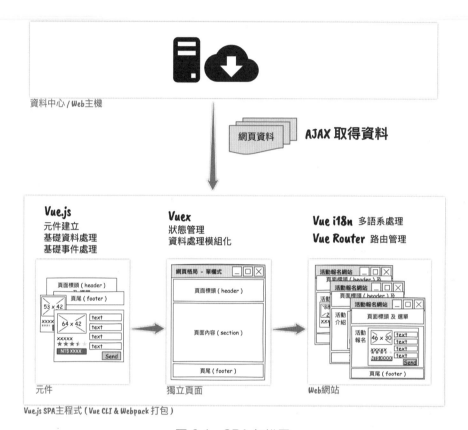

圖 6-1　SPA 架構圖

　　使用 Vue.js 開發大型 Web 應用程式時，SPA 架構概念圖如圖 6-1 所示，系統中的資料將會存於雲端的資料中心，當使用者使用瀏覽器進入系統時，網頁載入的 Vue.js SPA 程式將依頁面需求使用 AJAX 技術載入需要的資料。Vue.js SPA 主程式使用以下 JS 套件：

◉ Webpack & Vue CLI

　　Vue CLI 可協助開發人員快速建立前端專案，Vue CLI 建立的專案，會有基礎的檔案結構，並搭配 Webpack 套件使撰寫的 Vue.js、CSS 等程式打包輸出，供網頁檔使用。Vue.js CLI 使用方法將於本章向讀者介紹。

⦿ Vue.js

使用 Vue.js 可有效地建立網頁元件，並且在每個元件中建立資料模型、監聽事件並作資料處理，其使用方式為本書基礎篇主要介紹的內容。

⦿ AJAX

JavaScript 程式向雲端的資料中心取得資料時，須透過 AJAX 技術，發送 HTTP 或 HTTPS 請求向伺服器要資料，有關 AJAX 技術，將於本書第 7 章介紹。

⦿ Vuex

Web 應用程式開發的功能越多時，各頁面的資訊將會越來越多，程式將越來越肥大，且元件資料的傳遞可能越來越多層。透過 Vuex 可建立全域共用的狀態資訊，讓元件可直接讀取，不須透過 props 方式傳遞。此外，還可以建立模組便於分類管理程式，相關內容將於本書第 8 章介紹。

⦿ Vue-Router

透過 Vue-Router 套件可賦予頁面元件實體的 URL。當使用者輸入網址時，可導至對應的頁面元件，相關內容將於本書第 9 章介紹。

⦿ Vue-i18n

當開發的 Web 應用程式需要支援多國語系時，可使用 Vue-i18n 套件，相關內容將於本書第 10 章介紹。

接下來的內容，將以本書基礎篇 Vue.js 功能為基底，介紹 SPA 各部份的使用方式。讓我們一起建構 Vue.js SPA 程式吧！

6-2 Vue CLI 與 Webpack

　　Vue CLI 是為了協助 Vue.js 開發的命令列介面（Command Line Interface），可快速且簡單地建構 Vue.js 的開發環境。透過 Vue CLI 建構的開發環境，具有以下特色：

- 具有 SPA 架構的檔案結構，可將原始檔分類管理

- 結合 Webpack 功能，可支援 SASS 及 JavaScripti ES6 以上版本的語法解析

- 具有 Hot Reload 功能，在開發時可即時看見打包完後的 js 或 cssl 效果

- 可設置 ES Lint 統一開發人員 JavaScript 語法風格

　　Vue CLI 構建的 Vue.js 專案採用 SPA 架構，將原始碼模組化並拆分為數個獨立檔案進行管理。由於 Vue.js SPA 架構的原始碼使用了 JavaScript ES6、Vue SFC、SASS 等語法導致瀏覽器無法直接載入。因此，Vue CLI 使用打包工具－Webpack 將程式轉換為瀏覽器可讀的程式。

🔍 Webpack

圖 6-2　Webpack 官方網站（網址：https://webpack.js.org/）

Webpack 為 Web 網頁前端開發使用的打包工具，目前最新版本為 Webpack 5，官方網站如圖 6-2 所示。Webpack 可將模組化的眾多檔案轉換、結合並打包成一包檔案。

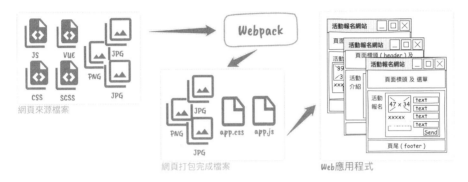

圖 6-3　Webpack 打包概念圖

Webpack 具有各類的 loader，不僅處理 JavaScript 檔案的打包，它也可依據載入的 loader 處理 vue 檔、sass 檔、scss 檔、圖片…等網頁資源。Vue.js SPA 架構中透過 Webpack 打包如圖 6-3 所示，Webpack 將原始程式碼打包時主要進行以下處理：

- ◉ Vue.js SFC 檔透過 vue-loader 轉換為 JavaScript 可執行的程式碼
- ◉ js 檔透過 babel-loader 將 JavaScript 語法轉換為瀏覽器可執行 ES5 語法
- ◉ sass 檔透過 sass-loader 將 sass 樣式檔轉換為 css 檔
- ◉ JavaScript 及 CSS 檔將分別整合為獨立檔案供網頁載入

🔍 Node.js 與 Vue CLI 安裝

使用本章介紹的 Vue CLI 與 Webpack 時，必須在本機安裝 Node.js。Node.js 採用 Chrome 的 V8 JavaScript 引擎，可建立本機執行 JavaScript 的開發環境。Node.js 官方網站如圖 6-4 所示，目前最新長期維護版本

（LTS）為 16.17.0。Node.js 的安裝方法可參考本書附錄 A-4 JavaScript
套件管理工具安裝。Node.js 安裝完成後，建立的 JavaScript 執行環境具
有 NPM 套件管理指令，可管理本機或專案的 JavaScript 套件。有關
JavaScript 套件管理詳細介紹可參考本書附錄 B JavaScript 套件管理。

圖 6-4　Node.js 官方網站

Vue CLI 安裝時，須至 Mac 的終端機或 Windows 的命令提示字元
執行指令「npm install @vue/cli -g」。

```
→ ch06 git:(master) × npm install @vue/cli -g
npm WARN config global `--global`, `--local` are deprecated. Use `--location=global` instead.
(          ) ⸬ idealTree:tar-stream: sill placeDep node_modules/@vue/cli wcwidth@1.0.1 OK for: ora
```

圖 6-5　安裝 Vue CLI

執行完上述指令後，可執行指令「vue --version」確認已安裝的 Vue
CLI 版本為 5.0.8。

```
→ ch06 git:(master) × vue --version
@vue/cli 5.0.8
→ ch06 git:(master) ×
```

圖 6-6　Vue CLI 版本確認

🔍 Vue CLI 創建專案

接下來將介紹使用 Vue CLI 創建 Vue.js SPA 專案。Vue CLI 創建專案的語法如下：

```
# 建立 Vue 專案
vue create [專案名稱]
```

以上述指令執行後，Vue CLI 將會詢問問題，以確認 Vue.js SPA 開發環境的需求。創建專案大致上可分為預設及手動二種方式。

首先，以創建「hello-spa」專案介紹預設專案創建。當我們輸入「vue create hello-spa」指令後，Vue CLI 將會顯示如圖 6-7 的問題，詢問要使用哪個樣板。在此，我們選擇 Vue 3 的預設樣板。

```
Vue CLI v5.0.8
? Please pick a preset: (Use arrow keys)
> Default ([Vue 3] babel, eslint)
  Default ([Vue 2] babel, eslint)
  Manually select features
```

圖 6-7　預設專案創建 - 詢問使用樣板

接著，Vue CLI 詢問要使用哪個套件管理工具，Yarn 與 NPM 均是 JavaScript 的套件管理工具，由於 Yarn 的執行效率較好，本書建議讀者可使用 Yarn 為主。

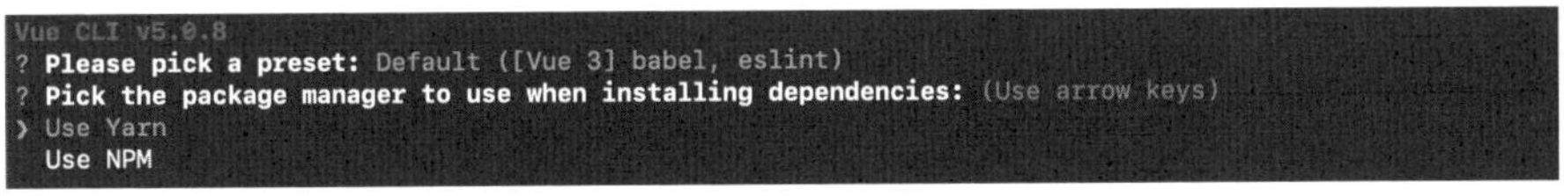

```
Vue CLI v5.0.8
? Please pick a preset: Default ([Vue 3] babel, eslint)
? Pick the package manager to use when installing dependencies: (Use arrow keys)
> Use Yarn
  Use NPM
```

圖 6-8　預設專案創建 - 選擇套件管理工具

選擇完套件管理工具後，Vue CLI 將自動建立專案資料夾並執行專案初始化。

單頁式應用程式（SPA）

圖 6-9　預設專案創建－專案創建完成

　　前面介紹以預設樣板的創建專案以幾個步驟便可快速建立專案。接著，將透過建立「hello-spa-manually」專案介紹手動創建。當輸入「vue create hello-spa-manually」後，在詢問樣板的地方可選擇「Manually select features」進入手動選擇模式。

圖 6-10　手動專案創建－詢問使用樣板

進入手動選擇模式後，Vue CLI 詢問專案需用套件，預設有 Babel 及 Linter／Formatter。這裡可依需求增加 CSS Pre-processors，讓專案支援進階的 css 預處理器。

```
Vue CLI v5.0.8
? Please pick a preset: Manually select features
? Check the features needed for your project: (Press <space> to select, <a> to
toggle all, <i> to invert selection, and <enter> to proceed)
 ◉ Babel
 ○ TypeScript
 ○ Progressive Web App (PWA) Support
 ○ Router
 ○ Vuex
>◉ CSS Pre-processors
 ◉ Linter / Formatter
 ○ Unit Testing
 ○ E2E Testing
```

圖 6-11　手動專案創建 - 選擇專案需用套件

接著，Vue CLI 將詢問專案使用的 Vue.js 版本，在此選擇 3.x 版。

```
Vue CLI v5.0.8
? Please pick a preset: Manually select features
? Check the features needed for your project: Babel, CSS Pre-processors, Linter
? Choose a version of Vue.js that you want to start the project with (Use arrow
keys)
> 3.x
  2.x
```

圖 6-12　手動專案創建 - 選擇 Vue.js 版本

Vue CLI 提供 Sass/SCSS、Less、Stylus 等 3 個 CSS 預處理器，這裡可選擇使用常見的 Sass/SCSS。

```
Vue CLI v5.0.8
? Please pick a preset: Manually select features
? Check the features needed for your project: Babel, CSS Pre-processors, Linter
? Choose a version of Vue.js that you want to start the project with 3.x
? Pick a CSS pre-processor (PostCSS, Autoprefixer and CSS Modules are supported
by default): (Use arrow keys)
> Sass/SCSS (with dart-sass)
  Less
  Stylus
```

圖 6-13　手動專案創建 - 選擇 CSS 預處理器

linter／formater 的選項可選擇 ESLint 的預設設定範本。ESLint 為決定專案中 JavaScript 程式撰寫風格，它建立一套統一的規範，讓專案的開發人員可以依循，使程式變得更易閱讀及管理。本書選擇 ESLint＋Airbnb config，後續的範例將以此為主。

```
Vue CLI v5.0.8
? Please pick a preset: Manually select features
? Check the features needed for your project: Babel, CSS Pre-processors, Linter
? Choose a version of Vue.js that you want to start the project with 3.x
? Pick a CSS pre-processor (PostCSS, Autoprefixer and CSS Modules are supported
by default): Sass/SCSS (with dart-sass)
? Pick a linter / formatter config:
  ESLint with error prevention only
> ESLint + Airbnb config
  ESLint + Standard config
  ESLint + Prettier
```

圖 6-14　手動專案創建－選擇 ESLint 規範範本

決定好 ESLint 規範的範本後，接著將選擇檢查程式碼風格的時機，「Lint on save」為存檔時檢查，「Lint and fix on commit」為提交程式碼時檢查。本書選擇第 1 個存檔時檢查，讀者可以二者都選擇。

```
Vue CLI v5.0.8
? Please pick a preset: Manually select features
? Check the features needed for your project: Babel, CSS Pre-processors, Linter
? Choose a version of Vue.js that you want to start the project with 3.x
? Pick a CSS pre-processor (PostCSS, Autoprefixer and CSS Modules are supported
by default): Sass/SCSS (with dart-sass)
? Pick a linter / formatter config: Airbnb
? Pick additional lint features: (Press <space> to select, <a> to toggle all,
<i> to invert selection, and <enter> to proceed)
>● Lint on save
 o Lint and fix on commit
```

圖 6-15　手動專案創建－選擇 ESLint 檢查時機

Babel、ESLint 等套件的設定檔放置位可選擇「In dedicated config files」，讓每個套件有一個獨立的設定檔。若讀者希望全部存至 package.json，可選擇第二個選項「In package.json」。

```
Vue CLI v5.0.8
? Please pick a preset: Manually select features
? Check the features needed for your project: Babel, CSS Pre-processors, Linter
? Choose a version of Vue.js that you want to start the project with 3.x
? Pick a CSS pre-processor (PostCSS, Autoprefixer and CSS Modules are supported
by default): Sass/SCSS (with dart-sass)
? Pick a linter / formatter config: Airbnb
? Pick additional lint features: Lint on save
? Where do you prefer placing config for Babel, ESLint, etc.?
> In dedicated config files
  In package.json
```

圖 6-16　手動專案創建－選擇套件設定檔儲存位置

　　最後，可選擇目前的設定檔是否要存為範本，存為範本後，可給下次建立時選擇，如同預設專案創建的方式一樣，會加快創建速度。在此，先選擇 n 代表不存為樣板。

```
Vue CLI v5.0.8
? Please pick a preset: Manually select features
? Check the features needed for your project: Babel, CSS Pre-processors, Linter
? Choose a version of Vue.js that you want to start the project with 3.x
? Pick a CSS pre-processor (PostCSS, Autoprefixer and CSS Modules are supported
by default): Sass/SCSS (with dart-sass)
? Pick a linter / formatter config: Airbnb
? Pick additional lint features: Lint on save
? Where do you prefer placing config for Babel, ESLint, etc.? In dedicated
config files
? Save this as a preset for future projects? (y/N) n
```

圖 6-17　手動專案創建－是否要將目前的設定存為樣板

　　選擇完成後，與預設專案創建相同，Vue CLI 將自動開始執行專案初始化程序。

```
Vue CLI v5.0.8
'+  Creating project in /Users/nat/Docker/LNMMP/home/vhost/localhost/vue3/ch06/h
ello-spa-manually.
⚙  Installing CLI plugins. This might take a while...

yarn install v1.22.19
info No lockfile found.
[1/4]  Resolving packages...
[2/4]  Fetching packages...
[3/4]  Linking dependencies...
[4/4]  Building fresh packages...
success Saved lockfile.
'+  Done in 25.94s.
    Invoking generators...
    Installing additional dependencies...

yarn install v1.22.19
[1/4]  Resolving packages...
[2/4]  Fetching packages...
[3/4]  Linking dependencies...
[4/4]  Building fresh packages...

success Saved lockfile.
'+  Done in 17.49s.
    Running completion hooks...

    Generating README.md...

    Successfully created project hello-spa-manually.
    Get started with the following commands:

 $ cd hello-spa-manually
 $ yarn serve

→  ch06 git:(master) ✗ █
```

圖 6-18 　手動專案創建－完成

專案建立完成後，可以看見專案資料結構如圖 6-19 所示。

圖 6-19　預設專案創建－專案資料夾結構

Vue.js SPA 檔案結構介紹如下：

◉ public 資料夾：放置 index.html 或圖片資源

◉ src 資料夾：放置 Vue.js SPA 專案原始碼檔案及網頁資源

◉ dist 資料夾：放置打包完成的 JavaScript、CSS，專案剛建立時無
　此資料夾。

◉ package.json：專案使用 JavaScript 套件的設定檔

◉ .eslintrc.js：專案 ESLint 設定檔

◉ babel.config.js：專案 babel 設定檔

◉ .browserslistrc：專案打包支援瀏覽器設定檔

🔍 Vue.js SPA 專案開發模式

專案初始化完成後，如圖 6-20 所示將顯示提資訊，可以透過「cd hello-spa-manually」指令移至專案資料夾，並且執行「yarn serve」指令開啟 Webpack DEV Server 進入 Vue.js 開發的 Hot Reload 模式。

```
┌→  ch06 git:(master) × cd hello-spa-manually
┌→  hello-spa-manually git:(master) × yarn serve
yarn run v1.22.19
$ vue-cli-service serve
     Starting development server...
[24%] building (5/28 modules)
```

圖 6-20　進入專案開發模式

Webpack DEV Server 啟動後，顯示資訊如圖 6-21 所示，本機將成為 HTTP 伺服器。Local 為本地服務網址，Network 為內網可連結的網址。

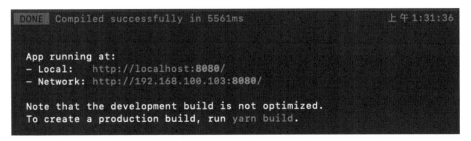

```
DONE  Compiled successfully in 5561ms                    上午1:31:36


App running at:
- Local:    http://localhost:8080/
- Network:  http://192.168.100.103:8080/

Note that the development build is not optimized.
To create a production build, run yarn build.
```

圖 6-21　Webpack DEV Server 啟動完成

依照圖 6-21 顯示資訊，可使用「http://localhost:8000」連至開發中的 Web 應用程式，畫面如圖 6-22 所示。

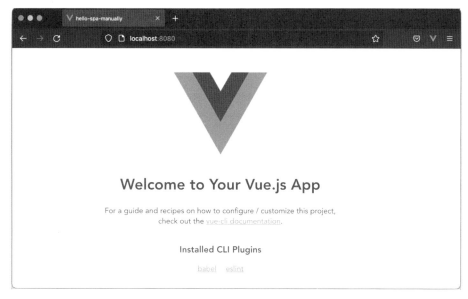

圖 6-22　預設專案執行頁面

🔍 Vue.js SPA 專案打包

　　當 Web 應用程式開發完成後，需要發佈時，需執行打包指令「yarn build」。

```
→ hello-spa-manually git:(master) × yarn build
yarn run v1.22.19
$ vue-cli-service build
All browser targets in the browserslist configuration have supported ES module.
Therefore we don't build two separate bundles for differential loading.

⠋  Building for production...
```

圖 6-23　執行打包指令

　　打包完成時，如圖 6-24 所示將顯示打包完成的檔案清單。

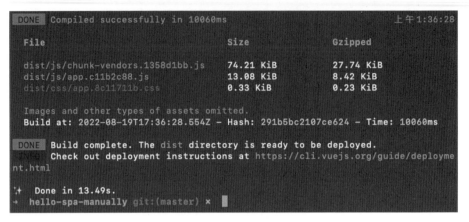

圖 6-24　打包完成畫面

　　所有透過打包指令打包出的檔案，將放置於專案根目錄下的 dist 資料夾。dist 資料夾可整個直接放置 Web 伺服器中，便可直接執行。

圖 6-25　打包完成檔案結構

6-3 Babel 與 ES6 常用語法

🔍 Babel

　　JavaScript 的標準源自 ECMAScript。ECMAScript 是一種由 Ecma International 製定出來的腳本語言。2009 年 12 月，ECMAScript 5.0 版正式發佈，簡稱 ES5。目前市面上常見的 Chrome、Firefox、Safari、IE、Edge 等瀏覽器的 JavaScript 均可支援 ES5 的語法。時隔六年，在 2015 年發佈了 ECMAScript 2015，也可稱為 ECMAScript 6 版，簡稱 ES6。

　　當新版本 ECMAScript 發佈後，各家瀏覽將依據發佈的版本實作，我們可在 Can I use 網站查詢新的 Javascript 語法在各家瀏覽器支援的版本。假設，想查詢 export 在各家瀏覽器支援度，可至網站中「Can I use ____？」輸入「exports」查詢。

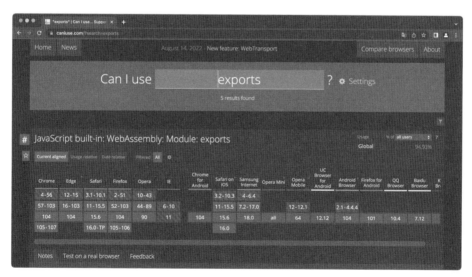

圖 6-26　Can I use 網站查詢 exports 瀏覽器支援度

ES6 標準發佈後，自 2015 年起，ECMAScript 每年會發佈一版，版號可依年份命名，也可依序從 6 往後遞增，例：2016 年的 ECMAScript 可稱為 ECMAScript 2016，簡稱 ES2016 或 ES7。由於各家瀏覽器的各版本針對 ECMAScript 發佈的語法實作完整度不同，當使用新的語法時，瀏覽器可能因為不支援導致程式無法正常運作。因此，產生了 babel 轉換工具，替我們將 ECMAScript 新版語法轉換為 ES5，使 Javascript 程式可廣泛在各瀏覽器執行。

圖 6-27 Babel 網站轉換範例（https://old.babeljs.io）

Babel 官方網站提供可視化的轉換查詢，如果想了解 Babel 新語法轉換前後的語法，可進入 Babel 官方網站於「Put in next-gen JavaScript」輸入 ES6 程式，在其右側的區域將顯示對應 ES5 的語法。Vue CLI 建立專案後，已引用 Babel 轉換工具，故可以在專案中盡情使用 ES6 以後的語法。

接著，將介紹常用的 ES6 語法。為要說明語法執行效果，本節 ES6 相關範例將以 node.js 代替瀏覽器執行程式並講解執行結果。

🔍 模組化（ES Module）– export／import

ES6 提供了模組的標準語法，它由單一 JavaScript 原始碼組成，可將變數與方法集中，待需要時引入至程式中。使用 ES6 模組化特性可以將原始碼分割，使每個 JavaScript 檔案內容更為精簡，可管理性及重覆利用性大大地增加。

ES6 模組的 JavaScript 檔案使用 export 定義要給外部使用的變數或方法，語法如下：

JS JavaScript

```
export [變數名稱/方法名稱] = [變數值/方法];
```

當要引用模組時，引用語法如下：

JS JavaScript

```
import { [變數名稱/方法名稱] } from [模組檔案位置];
```

假設，要建立一個模組，其中具有 myVar 變數及 myFunc 方法，程式範例如下：

JS JavaScript vue3/ch06/6-2/1-es-module/my-module.js

```javascript
// 變數
export const myVar = 'This is a module var.';
// 方法
export function myFunc() {
    return 'This is a module function.';
};
```

單頁式應用程式（SPA）

當要引用前面模組的 myVar 變數及 myFunc 方法時，程式範例如下：

JS JavaScript　　vue3/ch06/6-2/1-es-module/app-basic.js

```javascript
import { myVar, myFunc } from './my-module.js';

// 輸出 myVar 變數值
console.log(myVar);

// 取得並輸出 myFunc 回應值
const getFuncResult = myFunc();
console.log(getFuncResult);
```

上述程式，可在命令列中使用 Node.js 執行 import.js 輸出引用模組的變數及方法執行後取得的入容。

```
→  1-es-module git:(master) × node app-basic.js
This is a module var.
This is a module function.
→  1-es-module git:(master) ×
```

圖 6-28　ES Module Sample 執行結果

🔍 模組化（ES Module）– as

引用模組時，import 關鍵字後可大括弧{ }指定引入模組中的變數或方法。在 ES6 模組語法中，引用模組內所有變數、方法的語法如下：

JS JavaScript

```javascript
import * as [引入模組自定義變數名] from [模組檔案位置];
```

引入模組所有變數後，須使用「引入模組自定義變數名」帶出模組的變數或方法，語法如下：

【引入模組自定義變數名】.【模組內變數名稱/模組內方法名稱】；

前述範例引用的 myVar 及 myFunc 為模組中所有變數及方法，可改寫如下：

vue3/ch06/6-2/1-es-module/app-all.js

```javascript
import * as myModule from './my-module.js';

// 輸出 myVar 變數值
console.log(myModule.myVar);

// 取得並輸出 myFunc 回應值
const getFuncResult = myModule.myFunc();
console.log(getFuncResult);
```

模組化（ES Module）– default

ES6 模組語法中，export 關鍵字後面接 default 關鍵字。當模組的方法或變數使用 default 關鍵字時，與單先使用 export 的方法或變數不同在於：

- 使用 import 引用時，可任意指定模組的名稱，也不需大括弧 { }
- 一個檔案只能有 1 個方法或變數使用 default

使用 default 定義模組語法如下：

JS JavaScript

```
Export default [變數名稱/方法名稱] = [變數值/方法];
```

引用語法如下：

JS JavaScript

```
import [自定義模組名稱] from [模組位置]
```

假設，要建立一個模組，只有 myFunc 方法，程式範例如下：

JS JavaScript vue3/ch06/6-2/2-es-default-module/my-module.js

```
export default function myFunc() {
    return 'This is a module function.';
};
```

當要引用前面模組的 myFunc 方法時，程式範例如下：

JS JavaScript vue3/ch06/6-2/2-es-default-module/app.js

```
import myModule from './my-module.js';

// 取得並輸出 myFunc 回應值
const getFuncResult = myModule();
console.log(getFuncResult);
```

ES6 模組語法在 Vue.js SPA 架構中極為常用，例如：SFC 元件、Vuex、Vue-Router 等，均會建立各類的模組，讀者們務必對此有基礎的認知及了解。

🔍 變數宣告 – const 與 let

ES6 出現之前，JavaScript 宣告變數時，須使用 var 關鍵字，且沒有 block 限制變數的作用範圍。我們先來看以下程式碼：

JS JavaScript   vue3/ch06/6-2/3-let-and-const/app-block-var.js

```
{
    var myVar = 'local variable';
}


console.log(myVar);
```

{ } 框住的範圍稱作 block。使用 var 宣告變數時，由於區域的變數沒有 block 的限制，所以在全域環境中使用 console.log 可取得其執，以 node.js 執行時會印出 myVar 的值。

```
→  3-let-and-const node app-block-var.js
local variable
→  3-let-and-const
```

圖 6-29　var 宣告變數測試

ES6 新增了 const 及 let 兩個關鍵字用於宣告變數，與 var 不同的地方在於宣告變數會受 block 的限制。以 let 為例，看以下程式碼：

JS JavaScript   vue3/ch06/6-2/3-let-and-const/app-block-let.js

```
{
    let myVar = 'local variable';
}
console.log(myVar);
```

使用 let 宣告變數時，由於變數受 block 限制，在 block 區域外將無法取得變數，故程式執行時，將顯示「myVar is not defined」訊息。

```
→ 3-let-and-const node app-block-let.js
file:///private/tmp/vue3/ch06/6-2-es6-sample/3-let-and-const/app-block-let.js:5
console.log(myVar);
            ^

ReferenceError: myVar is not defined
    at file:///private/tmp/vue3/ch06/6-2-es6-sample/3-let-and-const/app-block-let.js:5:13
    at ModuleJob.run (node:internal/modules/esm/module_job:198:25)
    at async Promise.all (index 0)
    at async ESMLoader.import (node:internal/modules/esm/loader:385:24)
    at async loadESM (node:internal/process/esm_loader:88:5)
    at async handleMainPromise (node:internal/modules/run_main:61:12)
→ 3-let-and-const
```

圖 6-30　let 宣告變數測試

　　const 及 let 主要不同的地方在於，const 宣告的變數無法在賦值後作變更，而 let 宣告的變數可以變更。

JS JavaScript　　vue3/ch06/6-2/3-let-and-const/app-change-value.js

```javascript
let x = 1;
console.log('let x:');
console.log(x++);


const y = 1;
console.log('const y:');
console.log(y++);
```

　　上述程式碼執行後，由於變數 y 以 const 宣告，以 node 執行程式時將出現「TypeError: Assignment to constant variable.」錯誤訊息。

```
→ 3-let-and-const node app-change-value.js
let x:
1
const y:
file:///private/tmp/vue3/ch06/6-2-es6-sample/3-let-and-const/app-change-value.js:7
console.log(y++);
            ^

TypeError: Assignment to constant variable.
    at file:///private/tmp/vue3/ch06/6-2-es6-sample/3-let-and-const/app-change-value.js:7:14
    at ModuleJob.run (node:internal/modules/esm/module_job:198:25)
    at async Promise.all (index 0)
    at async ESMLoader.import (node:internal/modules/esm/loader:385:24)
    at async loadESM (node:internal/process/esm_loader:88:5)
    at async handleMainPromise (node:internal/modules/run_main:61:12)
→ 3-let-and-const
```

圖 6-31　以 const 宣告變數重新賦值時的錯誤訊息

雖然以 const 宣告的變數無法在賦予數值之後更改值，但是，若賦予的數值資料類型為物件（Object）或陣列（Array）時，可針對物件的屬性或陣列內容進行操作。

JS JavaScript vue3/ch06/6-2/3-let-and-const/app-const-var.js

```javascript
const myArr = [1, 2, 3];
console.log('原始 myArr:', myArr);
myArr.push(4);
console.log('新增數值 4 至 myArr:', myArr);

const myObj = { name: 'Origin Name', age: 25 };
console.log('原始 myObj:', myObj);
myObj.name = 'Modify Name';
console.log('修改屬性 name myObj:', myObj);
```

以 const 宣告 myArr 及 myObj，並分別賦予陣列值－「[1, 2, 3]」及物件值－「{ name: 'Origin Name', age: 25 }」。由於 const 宣告的變數只要在不覆蓋變數值的前提發，可針對當下的陣列進行陣列操作或物件屬性值修改。上述程式以 node 執行結果如下：

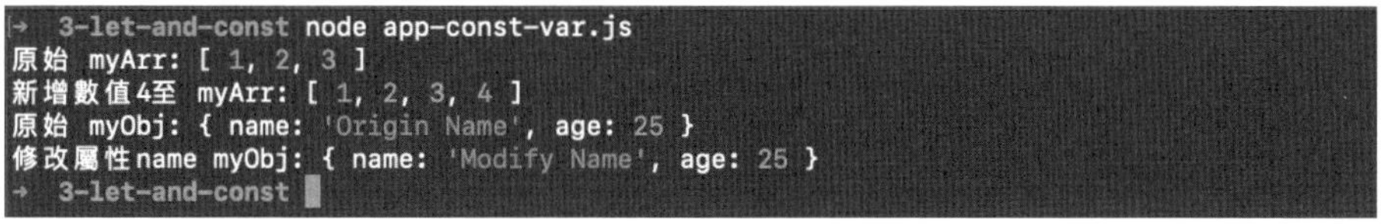

```
→  3-let-and-const node app-const-var.js
原始 myArr: [ 1, 2, 3 ]
新增數值4至 myArr: [ 1, 2, 3, 4 ]
原始 myObj: { name: 'Origin Name', age: 25 }
修改屬性name myObj: { name: 'Modify Name', age: 25 }
→  3-let-and-const ▮
```

圖 6-32　app-const-var.js 執行結果

樣板字串（Template Strings）

ES6 新增的樣板字串（Template Strings），可在建立的字串中插入變數。使用時，須使用反引號「``」，與字串（String）的雙或單引號作為區隔，樣板字串中插入的變數須轉換為字串才可正常顯示資料內容。語法範例如下：

JS JavaScript vue3/ch06/6-2/4-template-strings/app.js

```javascript
const myVar = 'Template String';
console.log(`字串變數 myVar: ${myVar}`);
const myArr = ['apple', 'banana', 'peach'];
console.log(`陣列變數 myArr: ${myArr}`);
const myObj = { name: '王大明', age: 25 };
console.log(`物件變數 myObj: ${JSON.stringify(myObj)}`);
```

上述的範例列了以下 3 個變數：

⊙ myVar：資料型態為字串，故可直接安插至字串樣板中。

⊙ myArr：資料型態為陣列，插入字串樣板時，可自動轉為字串顯示。

⊙ myObj：資料型態為物件，插入字串樣板時，須使用「JSON.stringify()」轉為 Json 字串後，才可正常顯示其內容。

範例以 node.js 執行後，結果如下：

```
→ 4-template-strings git:(master) × node app.js
字串變數 myVar: Template String
陣列變數 myArr: apple,banana,peach
物件變數 myObj: {"name":"王大明","age":25}
→ 4-template-strings git:(master) × ▌
```

圖 6-33　樣板字串

🔍 解構賦值（Destructuring assignment）

ES6 導入了解構賦值，可快速將陣列或物件內的值指定給新的變數。我們來看以下程式：

JS JavaScript vue3/ch06/6-2/5-destructuring-assignment/app.js

```javascript
const [a, b, ...c] = [1, 2, 3, 4, 5];
console.log(`a: ${a}, b: ${b}, c: ${c}`);
const { x } = { x: 10, y: 20, z: 30};
console.log(`x: ${x}`);
```

使用 ES6 解構賦值的特性時，需搭配陣列或物件使用。上述程式說明如下：

- ⊙ 陣列的解構賦值

  使用陣列的解構賦值時，將從 index 為 0 的項目開始對應，範例中的變數 a 及 b 對應陣列的頭 2 個值 1 與 2。同時也可搭配展開運算符「...」，範例中的變數 c 便搭配使用，取得最後剩下未對應的值 –「3, 4, 5」。

- ⊙ 物件的解構賦值

  使用物件的解構賦值時，須對應物件的屬性值。範例中物件中有 x、y 及 z 等 3 個變數，僅針對 x 屬性進行解構賦值，取得物件 x 的值 10。

範例以 Node.js 執行結果如下：

圖 6-34　解構賦值

🔍 展開運算符（Spread Operator）

展開運算符可將物件的各屬性或陣列的各項目拆解，將多個物件或陣列合併為一個變數。我們來看以下程式：

JS JavaScript　vue3/ch06/6-2/6-spread-operator/app.js

```javascript
const a = [1, 2];
const conbineArr = [
    ...a, 3, 4, 5
];
console.log(`展開運算符-陣列: ${conbineArr}`);
```

```
const x = { name: '王大明', age: 16 };
const conbineObj = {
    ...x,
    class_name: '一年 6 班',
    class_no: 10
};
console.log(`展開運算符-物件: ${JSON.stringify(conbineObj)}`);
```

　　使用 ES6 展開運算符的特性時，需搭配陣列或物件使用。上述程式說明如下：

◉ 陣列裡的展開運算符

在陣列內部可使用展開運算符，範例中建立了變數 a，當要將它併入變數 conbineArr 時，可在陣列中以展開運算符「...」將變數 a 的陣列值展開，並合併至變數 conbineArr。

◉ 物件裡的展開運算符

展開運算符除了可在陣列中使用外，也可在物件中使用。範例中建立了變數 x，當要將它併入變數 conbineObj 時，可在物件中以展開運算符「...」將變數 x 物件屬性及屬性值展開，並合併至變數 conbineObj。

　　範例程式以 node.js 執行結果如下圖，conbineArr 具有變數 a 所有的值及 conbineArr 的 3、4、5 值；conbineObj 具有變數 x 的 name、age 屬性以及 conbineObj 本身的 class_name 及 class_no 屬性。

```
→  6-spread-operator git:(master) × node app.js
展開運算符-陣列: 1,2,3,4,5
展開運算符-物件: {"name":"王大明","age":16,"class_name":"一年6班","class_no":10}
→  6-spread-operator git:(master) ×
```

圖 6-35　展開運算符範例執行結果

🔍 鍵頭函式（arrow functions）

ES6 開始函式（function）有了新的撰寫方法，讓函式變得更加地簡潔。傳統的 Javascript 要建立一個函式時，語法如下：

JS JavaScript

```javascript
// ES5 Function
var myFunc = function([參數]) {
    [處理程式]
}
```

前述 Javascript 函式在 ES6 中，可將「function([參數])」改為「([參數]) =>」。由於更改的語法使用了箭頭 -「=>」，故將此種函式稱之為「鍵頭函式」，其語法如下：

JS JavaScript

```javascript
// ES6 Arrow Function
const myFunc = ([參數]) => {
    [處理程式]
}
```

假設要建立一個函式，有 a、b 兩個參數可帶入，並回應兩個參數的加總，ES6 程式碼可撰寫如下：

JS JavaScript

```javascript
// ES6 Arrow Function
const addES6 = (a, b) => {
    return a + b;
}
var resultES6 = addES6(1, 2);
console.log(`addES6 執行結果: ${resultES6}`);
```

箭頭函式中,若函式的參數可直接以「JavaScript 表示式」回應時,可將 JavaScript 表示式直接接在箭頭後,改寫語法格式如下:

JS JavaScript

```
// ES6 Arrow Function
const myFunc = ([參數]) => [JavaScript 表示式]
```

接續 a、b 參數相加的函式範例,依據上述簡寫格式,可改寫程式如下:

JS JavaScript

```
// ES6 Arrow Function
const addES6 = (a, b) => a + b;
var resultES6 = addES6(1, 2);
console.log(`addES6 執行結果: ${resultES6}`);
```

箭頭函式除了前述的簡寫方式外,若參數只有 1 個時,可將參數的括弧「( )」省略,改寫語法格式如下:

JS JavaScript

```
// ES6 Arrow Function
const myFunc = [參數] => [JavaScript 表示式]
```

假設有一個計算數字平方的箭頭函式如下:

JS JavaScript

```
// ES6 Arrow Function
const squareES6 = (a) => a * a;
```

由於函式參數僅有一個，可改寫如下：

JS JavaScript

```javascript
// ES6 Arrow Function
const squareES6 = a => a * a;
```

箭頭函式除了回應 JavaScript 表示式可簡寫外，回應物件（Object）也可簡寫。由於在箭頭後直接帶物件值時，物件的大括弧{ }會與方法的{ }衝突，因此需要在物件的大括弧{ }之外加括弧( )，語法如下：

JS JavaScript

```javascript
// ES6 Arrow Function
const myFuncES6 = ([參數]) => ({
    [Object 屬性]
})
```

假設有一個直接回應物件值的方法如下：

JS JavaScript

```javascript
// ES5 Function
var objFunc = function() {
    return {
        name: 'Arrow Function'
    };
}
```

改為箭頭函式程式碼如下：

JS JavaScript

```javascript
// ES6 Arrow Function
const objFunc = () => ({
    name: 'Arrow Function'
});
```

單頁式應用程式（SPA）

使用了箭頭函式後,是否覺得程式更為簡潔呢?進入 Vue.js SPA 的世界後,讀者將會更常看見許多 ES6 或後續版本方便且簡潔的語法,例如:第 7 章將介紹的 async/await,便是 ES7 的語法。接著,就讓我們繼續探索 Vue.js SPA 的世界吧!

6-4 Vue.js 源碼程式

Vue CLI 建立的專案有基礎的設置,以預設範本為例,Vue.js 原始碼放在專案根目錄的 src 資料夾中,包含以下內容:

- ⊚ assets 資料夾:放置需要打包的圖片或 CSS、SCSS 等檔案
- ⊚ components 資料夾:放置 Vue.js 元件
- ⊚ App.vue:Web 應用程式的根元件
- ⊚ main.js:Web 應用程式的進入點

🔍 Vue.js 3.x 預設範本主程式

在專案中,原始碼裡的 main.js 為程式的進入點,Vue.js 3.x 預設樣板建出的程式碼如下:

JS JavaScript   vue3/ch06/6-3/src/main.js

```javascript
import { createApp } from 'vue';
import App from './App.vue';

createApp(App).mount('#app');
```

SPA 架構可引用網上發佈的 JavaScript 套件，引用前須使用 npm 或 yarn 等 JavaScript 套件管理工具，將套件安裝至專案中。安裝完成後，再使用 ES6 的模組引入語法 – import，以套件名稱將套件引入。有關套件管理工具，可參照附錄 B，裡頭有詳細的使用說明。

main.js 主程式引用了 vue 套件裡的 createApp()方法來建立 Vue.js 實體，createApp()方法須帶入 Web 應用程式的根元件，並使用 Vue 實體的 mount()方法決定 HTML 裡渲染的位置，範例中綁定的位置為 id 值等於 app 的 HTML 標籤。

緊接著，來看看 main.js 主程式引用的 App 根元件內容吧！與 vue 套件相同，App 概元件也以 ES6 模組引入的語法引用 App.vue 的 SFC 元件檔，其程式碼內容如下：

Vue SFC vue3/ch06/6-3/src/App.vue

```
<template>
  <img alt="Vue logo" src="./assets/logo.png">
  <HelloWorld msg="Welcome to Your Vue.js App"/>
</template>

<script>
import HelloWorld from './components/HelloWorld.vue';

export default {
  name: 'App',
  components: {
    HelloWorld,
  },
};
</script>

<style lang="scss">
#app {
```

```
  font-family: Avenir, Helvetica, Arial, sans-serif;
  -webkit-font-smoothing: antialiased;
  -moz-osx-font-smoothing: grayscale;
  text-align: center;
  color: #2c3e50;
  margin-top: 60px;
}
</style>
```

　　第 5 章介紹 SFC 元件檔案包含了撰寫樣板內容的<template>標籤、撰寫 Vue.js 程式的<script>標籤與撰寫元件使用樣式的<style>標籤，App.vue 也包含了以上三個標籤。在 SPA 架構中，SFC 程式包含的區域與第 5 章的相同，但是，由於 SPA 架構中引入了 ES6、SCSS 等語法特性，程式碼會有些許的不同。App.vue 的各區域說明如下：

◉ <template>標籤

  ● 撰寫元件樣板的區域

  ● 當元件有搭配的圖片資源時，可使用相對路徑引用圖片檔，例：App.vue 裡引用了「./assets/logo.png」圖檔

◉ <script>標籤

  ● 撰寫 Vue.js 程式的區域

  ● 使用 ES6 的 import 語法引用 SFC 元件檔、JavaScript 程式、JavaScript 套件及 CSS 檔

  ● 使用 ES6 的 export default 語法導出元件

◉ <style>標籤

  ● 撰寫元件需使用的樣式

  ● 可以在<style>標籤加入 lang 屬性，決定要使用的預處理器，例：scss

  ● 當<style>標籤加入 scope 時，產出的 css 只對元件本身有影響性

Vue.js 2.x 預設主程式

Vue.js 2.x 預設的主程式與 Vue.js 3.x 大致上相同，不同的地方在於，Vue.js 3.x 引用 vue 套件後，須使用 new 的方式建立 Vue 實體，且根元件須要使用 render 的方式帶入。以下為 Vue.js 2.x 預設主程式：

JS JavaScript vue2/ch06/6-3/src/main.js

```javascript
import Vue from 'vue'
import App from './App.vue'

Vue.config.productionTip = false

new Vue({
  render: h => h(App),
}).$mount('#app')
```

Vue.js 2.x 的 SFC 元件與 Vue.js 3.x 大致相同，其中的差異在於 Vue.js 3.x 的<template>標籤中可以有多個根標籤，Vue.js 2.x 只能有 1 個根元件。SFC 的範例程式如下：

V Vue SFC vue2/ch06/6-3/src/App.vue

```vue
<template>
  <div id="app">
    <img alt="Vue logo" src="./assets/logo.png">
    <HelloWorld msg="Welcome to Your Vue.js App"/>
  </div>
</template>

<script>
import HelloWorld from './components/HelloWorld.vue'

export default {
  name: 'App',
```

06
CH

單頁式應用程式（SPA）

6-35

```
  components: {
    HelloWorld
  }
}
</script>

<style>
#app {
  font-family: Avenir, Helvetica, Arial, sans-serif;
  -webkit-font-smoothing: antialiased;
  -moz-osx-font-smoothing: grayscale;
  text-align: center;
  color: #2c3e50;
  margin-top: 60px;
}
</style>
```

6-5 Vue.js 自定義插件（Plug-in）

🔍 註冊插件

　　Vue.js 豐富的生態體系中，具有各類的插件（Plug-in），例如：Vuex、Vue-Router、Vuetify…等。當我們要使用時，除了需要使用 import 引用外，也須使用 use()方法註冊。假設要將 myPlugin 插件註冊至 Vue.js 時，Vue.js 2.x 與 Vue.js 3.x 的註冊 Plug-in 語法如下：

Vue.js 2.x	Vue.js 3.x

```import Vue from 'vue';```
```import myPlugin from 'my-plugin';```
 	
```Vue.use(myPlugin) ;```
```var app = new Vue({```
```   render: h => h(App)```
```}).$mount('#app');```
	```import { createApp } from 'vue';```
	```import myPlugin from 'my-plugin';```
	
	```createApp(App)```
	``` .use(myPlugin)```
	``` .mount('#app')```

　　對照 Vue.js 2.x 與 Vue.js 3.x 的註冊方式後，將發現 2.x 版本使用 Vue 的 use()方法，3.x 版本須建立 Vue 的實體後才可使用 use()方法註冊。Vue 3.x 將 Vue 2.x 的全域概念移植到根元件上，當頁面中具有多個 Vue 實體，可以避免 Vue 實體間相互的影響。

🔍 自定義插件

　　Vue.js 提供了製作自定義插件的方式，這在 Web 大型應用程式的開發中使程式碼提高了再利用性。插件（Plug-in）的撰寫方式如下：

JS **JavaScript**

```
const myPlugin = {
  install (Vue) {
    [處理程式]
  }
}

export default myPlugin
```

　　插件內容為物件（Object），該物件裡必須包含 install()方法。Install() 方法帶入的 Vue 實體。當插件在主程式中，使用 Vue 的 use()方法註冊時，將會呼叫 install()方法，並以 Vue 實體作為 install()方法的第 1 個參數執行。由於 Vue 實體的帶入，install()方法中可執行 Vue 本身提供的 API，例如：

◉ 註冊全域變數

註冊全域變數時，須使用帶入 Vue 的 property 註冊。假設要註冊全域變數 - globalVar 時，語法如下：

JS JavaScript

```javascript
const myPlugin = {
  install (Vue) {
    Vue.property.$globalVar = 'My Global Variable';
  }
};

export default myPlugin;
```

◉ 註冊全域元件

註冊全域元件須先引入元件檔，並使用帶入 Vue 的 component 方法註冊。假設要註冊 my-component 元件，語法如下：

JS JavaScript

```javascript
import MyComponent from './my-component.vue';

const myPlugin = {
  install (Vue) {
    Vue.component('my-component', MyComponent);
  }
};

export default myPlugin;
```

套件開發與使用

本例以範例 5-6 為基礎，將已建立的元件製作成套件，並改以 Vue.js SPA 的架構改寫。改寫 Vue.js SPA 的步驟如下：

Step ① 以 Vue CLI 建立預設 Vue.js 3 專案

執行指令「vue create 6-4」，並有樣板的地方選擇「Default ([Vue 3] babel, eslint)」選項建立預設樣板的 Vue 3 專案。執行成功畫面如下：

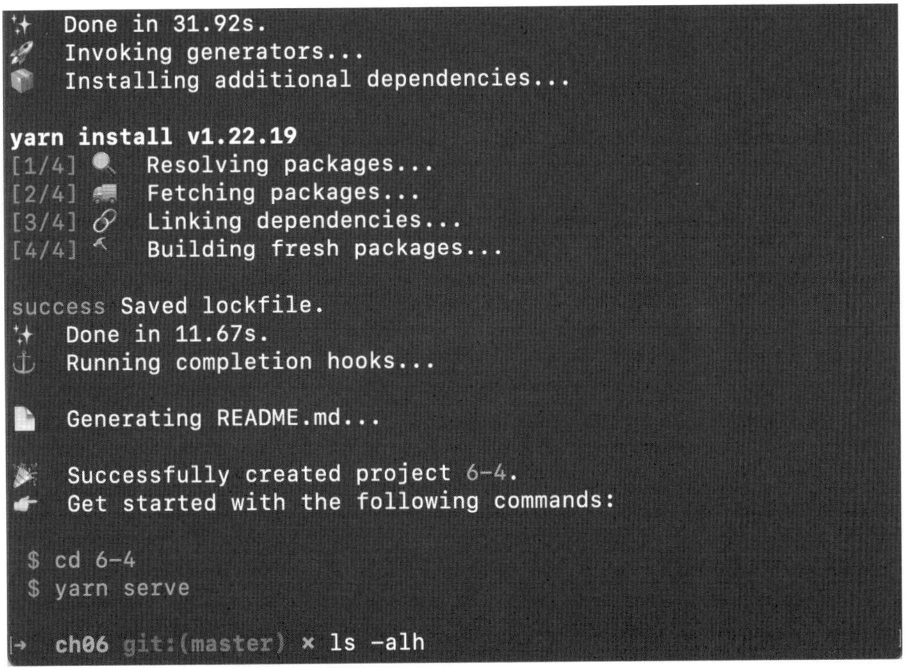

```
✦  Done in 31.92s.
⚙  Invoking generators...
⬤  Installing additional dependencies...

yarn install v1.22.19
[1/4] 🔍  Resolving packages...
[2/4] 🚚  Fetching packages...
[3/4] 🔗  Linking dependencies...
[4/4] 🔨  Building fresh packages...

success Saved lockfile.
✦  Done in 11.67s.
⚓  Running completion hooks...

📄  Generating README.md...

🎉  Successfully created project 6-4.
👉  Get started with the following commands:

 $ cd 6-4
 $ yarn serve

↦  ch06 git:(master) ✗ ls -alh
```

圖 6-36　Vue CLI 建立專案完成畫面

專案建立完成後，專案資料夾結構
如右：

圖 6-37　Vue.js SPA 專案
資料夾結構

Step ② 建立 my-plugin 插件

建立插件前，須在 src 資料夾建立
packages 資料夾，放置自己開發的
套件。本例將建立 my-plugin 套件，
故在 packages 資料夾建立後，再建
立名為 my-plugin 的資料夾。此時，
src 資料夾結構如右：

圖 6-38　建立插件用資料夾

建立完插件根目錄後，可建立 components 資料夾，將範例 5-6
建立過的 SFC 元件複製至 components 資料夾。接著，在插件
根目錄 my-plugin 新增插件主程式 - index.js，撰寫內容如下：

JS JavaScript ▸ vue3/ch06/6-4/src/packages/my-plugin/index.js

```javascript
import CheckBox from './components/check-box.vue';
import RadioBox from './components/radio-box.vue';
```

```
import SelectField from './components/select-field.vue';
import TextField from './components/text-field.vue';

const myPlugin = {
    install: function(Vue) {
        Vue.component('check-box', CheckBox);
        Vue.component('radio-box', RadioBox);
        Vue.component('select-field', SelectField);
        Vue.component('text-field', TextField);
    }
}

export default myPlugin;
```

插件主程式中，引入了 CheckBox、RadioBox、SelectField、TextField 等 4 個元件，並在 install()方法中，以 Vue.component()方法分別註冊元件。最後以 export default 匯出插件。完成後，src 資料夾結構如右：

圖 6-39　插件完成資料夾結構

Step 3　註冊 my-plugin 插件

完成 my-plugin 插件後，須至 Vue.js 主程式－main.js 中，以 import 引用 my-plugin 插件，並使用 use()方法註冊插件。修改後，主程式程式碼如下：

JS JavaScript vue3/ch06/6-4/src/main.js

```
import { createApp } from 'vue';
import myPlugin from './packages/my-plugin';
```

```
import App from './App.vue'

createApp(App)
  .use(myPlugin)
  .mount('#app')
```

Step 4 修改根元件 App.vue 內容

完成 my-plugin 插件註冊後，在主程式以下載入的元件均可使用插件中註冊的元件。接著須建立根元件的內容，根元件也為 SFC 元件，故可分為 3 個部份：

- 元件樣板<template></template>

  將範例 5-6 index.html 的渲染區作為元件樣板的內容。

- 元件 Vue.js 程式<script></script>

  將範例 5-6 app.js 中，Vue.createApp()方法裡的物件，作為元件 Vue.js 程式以 export default 匯出的內容。

- 元件樣式<style></style>

  將範例 5-6 page.css 的內容，作為元件樣式區域的內容。

以上各區修改完成程式如下：

Vue SFC　　vue3/ch06/6-4/src/App.vue

```
<template>
    <div id="app">
        <h4>活動報名表單</h4>
        <form>
            <component
                v-for="(info, index) in fields"
                :key="index"
                :is="info.component_name"
                :column-id="info.id"
                :column-name="info.column_name"
                :items="info.items"
```

```
                    :placeholder="info.placeholder"
                    v-model="form[info.id]"
              ></component>
              <button type="button" class="btn btn-primary"
                  @click="send">送出</button>
          </form>
          <div class="form-info" v-if="show">
              送出表單資訊：
              <ul>
                  <li>姓名：{{ show.fullName }}</li>
                  <li>性別：{{ show.gender }}</li>
                  <li>聯絡電話：{{ show.tel }}</li>
                  <li>想參加的活動：{{ show.willingness.
                      join(',') }}</li>
                  <li>交通方式：{{ show.transportation }}</li>
              </ul>
          </div>
      </div>
</template>

<script>
export default {
    name: 'App',
    data: () => ({
        // 表單資訊
        form: {
            fullName: '',
            gender: '',
            tel: '',
            willingness: [],
            transportation: '',
        },
        // 顯示資訊
        show: false,
        // 性別選單項目
        gender: [
            { text: '男', value: '男', },
            { text: '女', value: '女', },
```

```
        ],
        // 活動選單項目
        activities: [
            { text: '唱歌', value: '唱歌' },
            { text: '烤肉', value: '烤肉' },
            { text: '桌遊', value: '桌遊' },
            { text: '看展', value: '看展' },
        ],
        // 交通方式選單項目
        transportations: [
            { text: '搭遊覽車', value: '搭遊覽車' },
            { text: '自行騎車', value: '自行騎車' },
            { text: '自行開車', value: '自行開車' },
        ],
    }),
    computed: {
        fields: function() {
            return [
                {
                    component_name: 'text-field',
                    id: 'fullName',
                    column_name: '姓名',
                    placeholder: '請輸入您的姓名'
                },
                {
                    component_name: 'radio-box',
                    id: 'gender',
                    column_name: '性別',
                    items: this.gender
                },
                {
                    component_name: 'text-field',
                    id: 'tel',
                    column_name: '聯絡電話',
                    placeholder: '電話格式：(xx)xxxx-xxxx'
                },
                {
                    component_name: 'check-box',
```

```
                                    id: 'willingness',
                                    column_name: '想參加的活動',
                                    items: this.activities
                                },
                                {
                                    component_name: 'select-field',
                                    id: 'transportation',
                                    column_name: '交通方式',
                                    items: this.transportations
                                },
                            ];
                        },
                    },
                    methods: {
                        // 送出
                        send() {
                            this.show = {
                                fullName: this.form.fullName,
                                gender: this.form.gender,
                                tel: this.form.tel,
                                willingness: this.form.willingness,
                                transportation: this.form.transportation,
                            };
                        },
                    },
                }
                </script>

                <style>
                #app {
                    padding: 1rem;
                }

                .form-info {
                    padding-top: 3rem;
                    font-size: 1.25rem;
                }
                </style>
```

Step **5** 修改 public 下的 index.html 頁面檔，將需用的外部 JavsScript 或 CSS 載入。最後，由於範例 5-6 使用了 Bootstrap、jQuery 等外部套件，故須在 public 資料夾裡的 index.html 網頁檔中，引入套件的 JavaScript 或 CSS 檔。修改完程式如下：

HTML5 vue3/ch06/6-4/public/index.html

```html
<!DOCTYPE html>
<html lang="">
  <head>
    <meta charset="utf-8">
    <meta http-equiv="X-UA-Compatible" content="IE=edge">
    <meta name="viewport" content="width=device-width,
      initial-scale=1.0">
    <link rel="icon" href="<%= BASE_URL %>favicon.ico">
    <title><%= htmlWebpackPlugin.options.title %></title>
    <link rel="stylesheet" href="https://stackpath.
      bootstrapcdn.com/bootstrap/4.1.3/css/bootstrap. min
      .css" integrity="sha384-MCw98/SFnGE8fJT3GxwEOngsV7Z
      t27NXFoaoApmYm81iuXoPkFOJwJ8ERdknLPMO" crossorigin=
      "anonymous">
  </head>
  <body>
    <noscript>
      <strong>We're sorry but <%= htmlWebpackPlugin.
        options.title %> doesn't work properly without
        JavaScript enabled. Please enable it to continue.
        </strong>
    </noscript>
    <div id="app"></div>
    <!-- built files will be auto injected -->
    <script src="https://code.jquery.com/jquery-3.3.1.
      slim.min.js" integrity="sha384-q8i/X+965DzO0rT7abK
      41JStQIAqVgRVzpbzo5smXKp4YfRvH+8abtTE1Pi6jizo"
      crossorigin="anonymous"></script>
    <script src="https://cdnjs.cloudflare.com/ajax/libs/
      popper.js/1.14.3/umd/popper.min.js" integrity=
      "sha384-ZMP7rVo3mIykV+2+9J3UJ46jBk0WLaUAdn689aCwoq
```

```
        bBJiSnjAK/l8WvCWPIPm49" crossorigin="anonymous">
        </script>
    <script src="https://stackpath.bootstrapcdn.com/
        bootstrap/4.1.3/js/bootstrap.min.js" integrity=
        "sha384-ChfqqxuZUCnJSK3+MXmPNIyE6ZbWh2IMqE241rYi
        qJxyMiZ6OW/JmZQ5stwEULTy" crossorigin="anonymous">
        </script>
    </body>
</html>
```

Step 6 打包程式

程式修改完成後，便可以執行「yarn build」指令打包程式。
打包完成畫面如下：

圖 6-40 範例打包完成畫面

程式打包完成後，將會自
動建立 dist 資料夾，資料
夾結構如右：

圖 6-41 打包完成 dist 資料夾結構

打包完的 index.html 由於自動產生的 js 或 css 路徑為絕對路徑，如果直接點開可能會打不開。若想開啟，須手動將 index.html 中引用打包完成的 js 或 css 改為相對路徑後，才可正常打開執行。修改範例如下：

HTML5 vue3/ch06/6-4/public/index.html

```
<!- (略) -->
    <script defer="defer"
src="./js/chunk-vendors.5fd78b17.js"></script>
    <script defer="defer"
src="./js/app.6c638701.js"></script>
    <link href="/css/app.0516155d.css" rel="stylesheet">
<!- (略) -->
```

修改完成後，執行畫面如下：

圖 6-42　範例執行完成圖

AJAX 與 WebAPI 串接

<u>7-1</u> AJAX 與 Restful API 簡介

Vue.js SPA 的架構中，由於前後端分離的緣故，頁面中需要的資料，須使用 AJAX 的方式與伺服器溝通，取得頁面資料或發送任務。在 Web 應用程式與伺服器溝通的過程中，須透過 HTTP/HTTPS 通訊協定與主機溝通，主機也須建立 RESTful API（Application Programming Interface）與 Vue.js 程式串接，使頁面能夠動態取得或修改資料。本節將介紹 AJAX 與 RESTful API 的概念，幫助讀者在開發上具有與後端人員串接的能力。

🔍 AJAX（Asynchronous JavaScript And XML）

圖 7-1　傳統 Web 頁面傳輸概念圖

　　傳統開發大型 Web 應用程式時，使用者在網站上執行的任何動作均會回傳至網頁伺服器中，再由網頁伺服器產生新的 HTML 頁面傳送至使用者用的瀏覽器顯示。然而，這樣的頁面更新方式，不僅造成更新頁面資訊時的卡頓，且增加了主機傳送的內容，導致使用者操作體驗不佳。為了解決傳統 Web 應用程式更新頁面效率低下的問題，2005 年時由 Jesse James Garrett 提出了 AJAX 的概念。

　　在講解 AJAX 之前，須先了解何謂「同步（Synchronous）請求」？何謂「非同步（Asynchronous）請求」？同步請求與非同步請求均為與伺服器的溝通方式，二者不同的地方在於，同步請求必須按順序完成程式中所有任務內容，而非同步則可以忽略程式任務內容的執行順序。傳統的 Web 應用程式屬於同步請求的方式，這也導致程式中不相關的任務也必須按順序執行、等待，使得頁面回應時間較長。

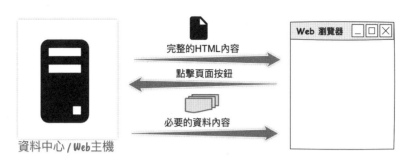

圖 7-2　AJAX 概念圖

　　AJAX 為 Asynchronous JavaScript And XML 的縮寫，它包含了非同步（Asynchronous）、JavaScript 及 XML 等三個部份。透過非同步請求，Web 應用程式可同時將程式中不相關的任務同時與伺服器互動，以 XML 標記語言作為資料傳輸格式，搭配前端 JavaScript 的動態程式處理的能力發送請求、解析伺服器回應並更新頁面特定區域。非同步請求不僅降低了等待的時間，與伺服器間傳輸內容由內容較肥大的整體頁面改為較精簡的 XML 標記語言，Web 應用程式回應時間不僅變得更快，且頁面更新也可僅更新必要區域，使得操作順暢性大大地提升了。

RESTful API

　　Web 應用程式與伺服器溝通須透過 HTTP 通訊協定。HTTP 為 Hyper Text Transfer Protocol 的縮寫，意即超文本傳輸協定，是全球資訊網資料通訊的基礎。近年來，由於資訊安全意識高漲，會使用 HTTPS 通訊協定進行資料通訊。HTTPS 為 HTTP Secure 的縮寫，它在 HTTP 的基礎下加入了 SSL/TLS 的加密機制，使得資料傳輸變得更加地安全，因此，目前多數的網站均會使用 HTTPS 進行資料傳輸。

　　AJAX 的概念中，由伺服器提供 API（Application Programming Interface，應用程式介面）作為給前端串接資料的介面，讓 JavaScript

程式以非同步的方式向伺服器索取資料。JavaScript 向主機索取資料時，早期資料傳輸格式以 XML 為主。近年來，由於 JSON（JavaScript Object Notation）資料格式比起 XML 資料格式更易處理資料，變得較為廣泛。本書的也將以 JSON 資料格式進行 AJAX 應用說明。

目前伺服器提供的 API，通常以 RESTful API 為主。RESTful 是一種軟體架構，遵循這種軟體架構規範所建立的 API 我們稱之為「RESTful API」。REST 為 Representational State Transfer 的縮寫，意即表現層狀態轉換，它包含以原則：

◉ 定址能力（Addressability）

伺服器定義 RESTful API，各類型資料分為為不同的資源，定義不同的 URI 來指定取得或更新各類型的資源。不同資源的表現形式可不同，常見的有 HTML、XML 或 JSON。

◉ 無狀態性（Stateless）

伺服器一但從客戶端接收 RESTful API 請求，處理完將響應的資料回傳給客戶端後，隨即將忘記請求者的所有訊息。

◉ 可連接性（Connectability）

客戶端從 RESTful API 取得的資源內容，當需要連結其他相關訊息時，須透 HTML 的連結或表單來引導客戶端接下來要前往的路徑。

◉ 統一介面（Uniform Interface）

RESTful API 透過 HTTP/HTTPS 提供的方法，告訴客戶端要對資源進行的操作，常見的方法有：

- GET：讀取資源
- POST：新增資源；也作為萬用動詞，處理其它要求
- PUT：修改資源
- DELETE：刪除資源

依照 RESTful API 的架構規範，假設有一組 RESTful API 可取得貓咪資訊，它的 URI 定義為 http://test.com/cats，其相關的 API 資訊如下表所示。

表 7-1　貓咪資訊取得 RESTful API

HTTP 方法	URL	說明
GET	http://test.com/cats	取得貓咪資訊清單
GET	http://test.com/cats/{id}	取得特定貓咪的詳細資訊
POST	http://test.com/cats	新增咪喵資訊
PUT	http://test.com/cats/{id}	修改特定貓咪資訊
DELETE	http://test.com/cats/{id}	刪除特定貓咪資訊

XHR 與 fetch

JavaScript 原生語法提供了 XMLHttpRequest 物件發送請求給伺服器。在說明以下範例先，先介紹網上一個免費查詢 IP 主機架設資訊的 API，它的官方網站中介紹了，這是一個免費、非商用且可不帶 API 金鑰的 API。

圖 7-3　ip-api 官方網站

假設，我們使用 XMLHttpRequest 發送一個 Request 給 IP Geolocation API 取得 IP 為 8.8.8.8 的 Geolocation 資訊。程式碼如下：

JS JavaScript vue3/ch07/7-1-call-api/1-xhr/app.js

```javascript
// 產生 XMLHttpRequest 物件
var request = new XMLHttpRequest();
// 設置連結網址及 HTTP/HTTPS 方法
var url = 'http://ip-api.com/json/8.8.8.8';
request.open("GET", url);
// 發送 Request
request.send();
// 發送 Request 後，從伺服器收完回應資料(load)時，執行的方法
request.addEventListener("load", function () {
    console.log(this);
});
```

XMLHttpRequest 須以 new 建立實體後，透過建立實體的 open()方法，帶入 HTTP/HTTPS 方法及連結。設置完成後，以 send()方法發送 Request。當請求發送完成後，可在建立的實體以 addEventListener 監聽 load 事件，它會在伺服器回應後，執行 callback 的方法，在上述範例中，將在 Google 開發者模式的 Console 頁籤處將印出 request 實體本身為 XMLHttpRequest 物件，在 Network 頁籤處將看見發送的請求。

圖 7-4　Google 開發者模式看到 Callback 方法印出的資訊

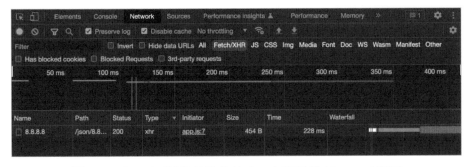

圖 7-5　Google 開發者模式 Network 顯示的 Request 類別

　　自 ES6 開始增加了 fetch 語法可向伺服器發送請求。假設我們使用
fetch 發送一個 Request 給 IP Geolocation API 取得 IP 為 8.8.8.8 的
Geolocation 資訊，且加上 GET 參數取得特定欄位的資訊，程式碼如
下：

JS JavaScript　vue3/ch07/7-1-call-api/2-fetch/app.js

```javascript
// 產生連結物件
var urlObject = new URL('http://ip-api.com/json/8.8.8.8');
// 產生 GET 參數
urlObject.search = new URLSearchParams({
    fields: 'status,message,country,countryCode,region,regionName,
        city'
});
// 產生 Http GET Request
var request = new Request(urlObject, {
    method: 'GET',
});
// 發送 Http GET Request
var response = fetch(request);

console.log(response);
```

使用 fetch 發送 Request 步驟如下：

◉ 須建立 URL 物件設置連結網址「http://ip-api.com/json/8.8.8.8」

◉ 建立 URLSearchParams 物件，帶入 Request 的 GET 參數，設置到
urlObject 的 search 屬性

◉ 建立 Request 物件將 urlObject 帶入並設置 HTTP 方法為 GET，便
完成了 HTTP 請求的物件

◉ 最後，以 fetch 發送請求並取得伺服器的回應

當我們將發送請求後，在 Chrome 的 Network 頁籤觀測會發現，它
的 Type 為 fetch。

圖 7-6　以 fetch 發送在 Chrome 開發者模式顯示資訊

切至 Chrome 開發者模式的 Console 頁籤，將看見 console.log()印
出來 fetch 的回應會發現它不像 XHRHttpRequest 一樣，回傳與發送相
同的物件，它回應的是 Promise 物件。Promise 物件為 ES6 開始有的語
法，它將 JavaScript 裡非同步程式變得更加地結構化，有關 Promise 使
用方法，將於下一節進行說明。

圖 7-7　Chrome 開發者模式看 fetch 回應的內容

7-2 JavaScript 非同步處理

ES6 - Promise

AJAX 概念的出現，讓 JavaScript 時常須處理非同步的任務，每個非同步的任務都需要相對應的 Callback 方法，當任務越來越多時，Callback 方法將會變得不易管理，呈現 Callback Hell 困境。因此，ES6針對非同步處理推出了「Promise」，建立 Premise 物件時，須定義 Promise執行的方法，該方法有 resolve 及 reject 兩個參數，其語法如下：

JS JavaScript

```javascript
/* 建立 Promise 物件 - 傳統函式 */
const promise = new Promise(function(resolve, reject) {

    [非同步任務程式]

    // 成功時
    let successMessage = 'OK!';
    resolve(successMessage);
    // 失敗時
    let faiReason = 'Error!';
    reject(faiReason);
});
```

程式也可以改為箭頭函式，改寫語法如下：

JS JavaScript

```javascript
/* 建立 Promise 物件 - 箭頭函式 */
const promise = new Promise( (resolve, reject) => {

    [非同步任務程式]

    // 成功時
```

```
    let successMessage = 'OK!';
    resolve(successMessage);
    // 失敗時
    let faiReason = 'Error!';
    reject(faiReason);
});
```

Promise 具有狀態，使用 new 建立 Promise 後，預設的狀態為 pending（等待中），當 Promise 非同步任務程式執行成功後，Promise 物件的狀態將會變成 fulfilled（已實現），且將產生相對應的變數，使用 resolve()方法存在 Promise 物件中，當執行失敗時，Promise 物件的狀態將變成 rejected（已拒絕），且使用 reject()方法將錯誤資訊存在 Premise 物件裡。

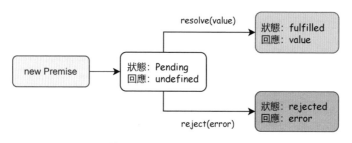

圖 7-8　Premise 概念圖

建立完 Promise 物件後，在執行完非同步任務內容後，要取得回應作進一步資料處理時，須使用 Promise 物件的 then()方法，其語法如下：

JS JavaScript

```
/* 執行完成後的處理方式 */
promise.then((value) => {
  // on fulfillment(已實現時)
}, (reason) => {
  // on rejection(已拒絕時)
});
```

then()方法可帶入 2 個參數，第 1 個為 Premise 物件的狀態變更為 fulfilled 時執行的方法，第 2 個為 Premise 物件的狀態變更為 rejected 時執行的方法。使用 then()取得非同步執行結果的回應時，第 2 個方法可不填，改為以 catch()方法進行錯誤處理。語法如下：

JS JavaScript

```javascript
/* 執行完成後的處理方式 */
promise.then((value) => {
  // on fulfillment(已實現時)
}).catch((reason) => {
  // 執行錯誤處理
});
```

範例 7-2-1　驗證資料型態

　　本例將透過驗證數字資料型態，學習如何使用 Promise 物件。

　　首先，我們建立一個名為 numberValidator 驗證傳入資料是否為數值方法。numberValidator 方法將回應 Promise 物件，當驗證成功時，呼叫 resolve()方法傳入「驗證成功」文字；反之，驗證失敗時，將呼叫 reject()方法帶入「驗證失敗」文字。此外，為了觀察 Promise 物件的效果，使用 setTimeout 設置延遲 3 秒執行，程式碼如下：

JS JavaScript　　vue3/ch07/7-2-asynchronous/1-promise/app.js

```javascript
function numberValidator(value) {
    return new Promise(function(resolve, reject){
        console.log(typeof(value))
        setTimeout(function() {
            if(typeof(value) === 'number')
                resolve('驗證成功') // 已實現，成功
            else
                reject('驗證失敗') // 有錯誤，已拒絕，失敗
        }, 3000);
```

```
    });
}
```

建立完成後，先以「x」字串帶入方法中，並使用 then()方法以及catch()方法作後續處理，程式如下：

JS JavaScript vue3/ch07/7-2-asynchronous/1-promise/app.js

```
numberValidator('x').then((value) => {
    console.log(value);
}).catch((reason) => {
    console.log(reason);
})
```

Promise 物件由於為非同步處理的特性，在 Promise 未變更狀態前，將不會執行後續的動作。因此，開啟 Chrome 的開發人員模式，切至 Console 頁籤觀察時，會發現要等待 3 秒才會出現結果的字串。「x」為字串非數字，故執行完後，Promise 的狀態會變更為 rejected，在後續處理會執行 catch()方法。

圖 7-9　驗證「x」資料型態結果

接著，可將「x」改為「33」帶入方法中，程式改寫如下：

JS JavaScript vue3/ch07/7-2-asynchronous/1-promise/app.js

```
numberValidator(33).then((value) => {
    console.log(value);
}).catch((reason) => {
    console.log(reason);
})
```

由於 33 為數字，故驗證成功，Promise 的狀態會變更為 filfilled，可進入 then()方法的第 1 個參數方法，執行結果如下圖：

圖 7-10　驗證「33」資料型態結果

🔍 ES7 async/await

使用 ES6 的 Promise 物件的後續處理時，經常會使用 then()方法，ES7 針對 Promise 物件的後續處理發佈了 async/await 語法，讓非同步程式增加閱讀性，使非同步程式碼，看似同步執行的程式。Async/await 語法如下：

07
CH

AJAX 與 WebAPI
串接

JS JavaScript

```javascript
async function () {
    const result = await [Promise 物件]
}
```

使用 async/await 語法必須針對特定的 function 使用，在使用時，function 關鍵字前須加上 async，要取得 Promise 回應時，須宣告一個變數，並在 Promise 物件前帶關鍵字 await，程式執行時，將會等待 Promise 執行完再將值指定給完告的變數。

使用 async/await 處理 promise 使用 await 取得 Promise 物件執行成功以 resolve()方法傳遞的資訊內容。當 Promise 物件執行失敗時，以 reject()方法傳遞的資料，則須以 try{ } cache{ } 方式截取，語法如下：

JS JavaScript

```js
async function () {
    try {
        // 取得 promise 物件執行成功的回應
        const result = await [Promise 物件]
    } catch(error) {
        // 取得 promise 物件執行失敗的錯誤處理
    }
}
```

範例 7-2-2 驗證資料型態

本例將以範例 7-2-1 為基礎，將 promise 物件後續處理的方式改寫為 async/await 的方式。首先，本例與範例 7-2-1 一樣，建立驗證數字資料 numberValidator 方法，程式如下：

JS JavaScript vue3/ch07/7-2-asynchronous/2-async-await/app.js

```js
function numberValidator(value) {
    return new Promise(function(resolve, reject){
        console.log(typeof(value))
        setTimeout(function() {
            if(typeof(value) === 'number')
                resolve('驗證成功') // 已實現，成功
            else
                reject('驗證失敗') // 有錯誤，已拒絕，失敗
        }, 3000);
    });
}
// ---- (略) ----
```

接著，建立名為 printValidResult 方法，且在 function 關鍵字前加
上 async。printValidResult 方法內部呼叫 numberValidator 方法。由於
numberValidator 方法回應為 Promise 物件，可宣告 result 變數以 await
的方式承接 Promise 執行成功時的回應資料。程式碼如下：

JS JavaScript　vue3/ch07/7-2-asynchronous/2-async-await/app.js

```javascript
// ---- (略) ----
async function printValidResult() {
    try {
        const result = await numberValidator(33);
        console.log('async function 內', result);
        return result;
    } catch (error) {
        console.log('error: ', error)
    }
}
// ---- (略) ----
```

程式的最末處呼叫 printValidResult()方法，程式碼如下：

JS JavaScript　vue3/ch07/7-2-asynchronous/2-async-await/app.js

```javascript
// ---- (略) ----
const getResult = printValidResult();
console.log('async function 外' getResult);
```

最後，開啟 Chrome 的開發人員模式，切至 Console 頁籤觀察。可
看見在 async 方法內部取到的值為「驗證成功」，外部取得 async 方法
回應的值為 Promise 物件。這是因為 async 方法回應並非 Promise 執行
結果，而是直接回傳 Promise 物件。

圖 7-11　async 方法內外部取到的值

範例 7-2-3 取得 IP 主機資訊

　　使用 fetch 串接 API 時，由於回應的也是 Promise 物件，可以搭配 async/await 方法使用。本例將以上一節介紹的 ip-api 為基礎，將程式以 async/await 的方式，改寫程式如下：

JS JavaScript vue3/ch07/7-2-asynchronous/3-fetch/app.js

```javascript
async function sendRequest() {
    // 產生連結物件
    const urlObject = new URL('http://ip-api.com/json/8.8.8.8');
    // 產生 GET 參數
    urlObject.search = new URLSearchParams({
        fields: 'status,message,country,countryCode,region,
            regionName,city'
    });
    // 產生 Http GET Request
    const request = new Request(urlObject, {
        method: 'GET',
    });
    // 發送 Http GET Request
    const response = await fetch(request);
    const responseData = await response.json();

    console.log('async function 內', responseData);

    return responseData;
}
```

```
const response = sendRequest();
console.log('async function 外', response);

response.then(data => {
    console.log('premise data', data);
})
```

上述程式碼中，讀者有發現除了 fetch 使用了 await 外，response.json()也使用了嗎？在使用 await 關鍵字時，若後面帶的是 Promise 物件，則會回應 Promise 執行完成的結果；若後面帶的不是 Promise 時，則會直接回應該變數的值。

本例執行完，可開啟 Chrome 開發者模式的 Console 頁籤觀察。async 方法由變數 response 接取，由於為 Promise 物件，故可以再進行 Promise 物件的操作，例：使用 then()方法取得執行結果，並作後續處理，本例取得執行結果後，直接印在 Console，如圖 7-12 所示。

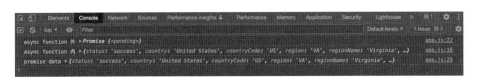

圖 7-12　取得 IP 主機資訊執行結果

7-3 模擬 API 回應資料 – mock.js

開發大型 Web 應用程式時，由於前後端工作分離的緣故，當已談定 API 串接的資料格式後，後端人員無法馬上將前端人員所需要的 API 開發完成。此時，可使用 mock.js 模擬 API 的回應資料。

本節將介紹 mock.js 在 Vue.js SPA 架構中的使用方式。在使用 mock.js 前，須在 Vue.js SPA 專案中安裝 mockjs 與 axios。指令如下：

SHELL

```
# 安裝 Mock.js
yarn add mockjs axios
```

axios 套件已廣泛在 JavaScript 專案中使用，它如同 XHR、fetch 可向伺服器發送請求及接收回應，且包裝得非常簡單易用。axios 將於下一節作進一步介紹，本節先專注在 mock.js 的使用方法。

Mock.js 套件引入後，使用 Mock.mock()的方法有很多，例如：動態建立假資料、攔截 AJAX 的請求…等。本書僅介紹在 Vue.js SPA 架構下使用時的簡易方法，使用攔截 AJAX 請求的方式建立 Mock API，其語法如下：

JS JavaScript

```
// 引用 Mock.js
import Mock from 'mockjs';

// Mock API
Mock.mock([API 路徑], [HTTP/HTTPS 方法], [回應內容]);
```

以上建立 Mock API 語法中，大致可包含以下部份：

- 引用 mock.js 套件：以 import 方式引用 mock.js 套件

- API 路徑：定義攔截 API 請求的連結路徑

- HTTP/HTTPS 方法：定義攔截 AJAX 類型，可設置：get、post、put、delete 等 HTTP 或 HTTPS 常見的方法

- 回應內容：定義回應內容的模板。本書的範例均為 JSON 格式，故以 Object 的格式帶入假資料即可。

當 Mock API 建立 API 後，使用 axios 套件向發送請求時，由於 Mock 套件會針對 axios 所發出的請求進行攔截，當 API 路徑及 HTTP

方法與 Mock API 定義相同的狀況下，會收到 Mock API 所定義的回應
內容。

範例 7-3 城市及鄉鎮區 Mock API

　　本例將透過建立城市及鄉鎮區 Mock API 的建立及呼叫學習
mock.js 套件的基本使用方法。範例中須建構的 Mock API 如下表所示：

表 7-2 城市及鄉鎮區 API 清單

攔截 API 路徑	攔截 HTTP 方法	說明
/api/cities	get	取得城市清單
/api/cities/{城市代號}/areas	get	依城市代碼取得鄉鎮區清單

本例操作步驟如下：

Step 1 以 Vue CLI 建立 Vue.js 3 專案，並建立「mocks」資料夾儲存
mock 資料。

執行指令「vue create 7-3-mock」，並以「Default ([Vue 3]
babel, eslint)」樣板建立 Vue 3 專案。完成建立後，於專案中
src 資料夾內建立 mocks 資料夾。

圖 7-13 範例 7-3 檔案結構

Step ② 建立 Mock API 回應資料

在建立 Mock API 前，須先準備每個 Mock API 的回應假資料。基本上，一個 HTTP 請求回應的假資料儲存為一個獨立的檔案。本書範例 API 的回應均以 JSON 為主，故以 json 檔案格式儲存，格式如下：

JSON

```json
{
    "data": [
        [清單內容]
    ]
}
```

JSON 裡的 data 屬性值為陣列，陣列的內容將包含城市或鄉鎮區的名稱及代碼。以取得城市清單為例，JSON 內容如下：

JSON vue3/ch07/7-3-mock/src/mocks/getCities.json

```json
{
    "data": [
        { "id": "A", "city_name": "臺北市" },
        { "id": "B", "city_name": "臺中市" },
        ...
    ]
}
```

資料建立完成後，便將資料存至專案目錄的 src/mocks 資料夾中。城市的鄉鎮區 API 由於會依城市的代碼不同有不同的回應，故城市的鄉鎮區清單將依城市的數量 26 個，分例存至 26 個 JSON 檔案中。

Step 3 撰寫 Mock API 主程式

有了 Mock API 需要的回應資料後,可在專案目錄的 src/mocks
資料夾中建立 index.js 作為 Mock API 主程式。

首先,使用 Mock.mock()方法建立 Mock API 前,須以 import
方式引用 Mock 套件:

JS JavaScript vue3/ch07/7-3-mock/src/mocks/index.js

```
// 引用 Mock.js
import Mock from 'mockjs';
// ---- (略) ----
```

接著,再引用城市清單及各城市的鄉鎮區清單的回應資料:

JS JavaScript vue3/ch07/7-3-mock/src/mocks/index.js

```
// ---- (略) ----
// 引用已定義 Mock API 的回應資料
import getCities from './getCities.json';
import getCityAreas_A from './getCityAreas_A.json';
// ---- (略) ----
```

最後,依表 7-2 定義的 Mock API,使用 Mock.mock()方法定
義取得城市清單,及取得城市鄉鎮區清單 Mock API。

JS JavaScript vue3/ch07/7-3-mock/src/mocks/index.js

```
// ---- (略) ----
// 定義 Mock API
Mock.mock("/api/cities", "get", getCities);
Mock.mock("/api/cities/A/areas", "get", getCityAreas_A);
// ---- (略) ----
```

Step ④ Vue.js SPA 專案主程式引用 Mock API 主程式

當需要使用 Mock API 主程式時，需要先要以 import 的方式引用後，便會針對 HTTP 請求進行攔截。為了後續可以整個專案的元件檔共用，可直接在程式進入點的 main.js 中引用，程式碼如下：

JS JavaScript vue3/ch07/7-3-mock/src/main.js

```javascript
import { createApp } from 'vue';
import App from './App.vue';
// 引用 mock 程式
import './mocks/index.js';

createApp(App).mount('#app')
```

Step ⑤ 發送 HTTP 請求測試

Mock API 主程式引用後，至 App.vue 元件中撰寫程式測試 API 發送及回應。首先，須以 import 引用 axios 套件，以 axios 發送 HTTP 請求。由於 axios 發送請求回應為 Promise 物件，故可使用 async/await 語法撰寫。程式如下：

Vue SFC vue3/ch07/7-3-mock/src/App.vue

```vue
<template>
  // ---- (略) ----
</template>

<script>
import axios from 'axios';
import HelloWorld from './components/HelloWorld.vue'

export default {
    name: 'App',
    components: {
```

```
            HelloWorld
    },
    methods: {
        async getCityList() {
            const response = await axios.get('/api/cities');
            console.log(response.data);
        },
        async getCityAreaList(areaCode) {
            const response = await axios.get(`/api/cities/
                ${areaCode}/areas`);
            console.log(response.data);
        }
    },
    mounted() {
        this.getCityList();
        this.getCityAreaList('A');
    }
}
</script>

<style>
// ---- (略) ----
</style>
```

在上述程式中，建立了 getCityList()方法發送 HTTP 請求向
Mock API 取得城式清單，並將 API 回應的資訊以 console.log()
方法印在 Console 介面中。getCityAreaList()方法也是，依帶
入城市代碼發送請求，將取得的鄉鎮區清單以 console.log()方
法印在 Console 介面中。

方法建立後，在 mounted()方法中，執行建立的 2 個方法。建立完成後，執行頁面後，開啟 Chrome 開發者工具的 Console 頁籤將看見印出收到的回應資訊如下：

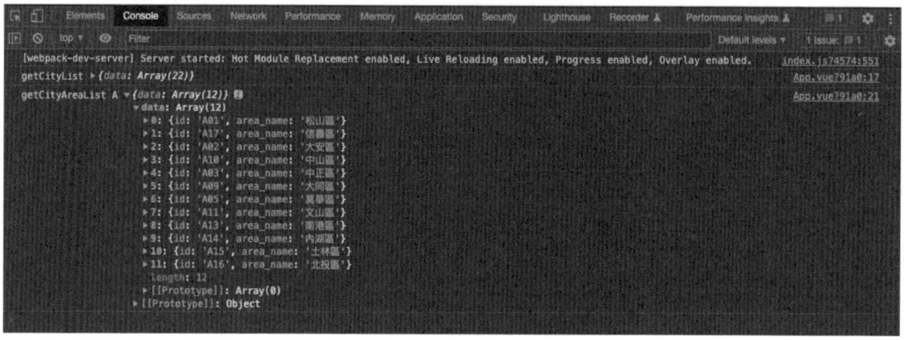

圖 7-14　Mock API 回應資訊

7-4 HTTP 請求套件 – axios

使用 JavaScript 發送 HTTP 請求時，除了使用原生的 XHR 或 fetch 外，也可引用 axios 套件。Axios 套件由 Vue.js 框架的作者推薦使用，是一個輕量化的函式庫，套件的特性如下：

- 支援 Promise API，可搭配 async/await 語法使用
- 客戶端支援防止 XSRF（Cross-site request forgery，跨站請求偽造）
- 提供併發請求介面
- 可設置請求的 timeout 時間
- 整合了取消請求的方法
- 與 fetch 不同，收到 JSON 回應時，不須手動轉換，套件自動轉換 JSON 資料

Axios 依 HTTP 方法建立相對應的 alias 函式，供開發人員方便使用發送。例如：HTTP GET 方法對應到 axios.get()方法。各方法對應語法如下：

JS JavaScript

```javascript
// HTTP GET
axios.get(url[, config])
// HTTP POST
axios.post(url[, data[, config]])
// HTTP PUT
axios.put(url[, data[, config]])
// HTTP DELETE
axios.delete(url[, config])
// HTTP HEAD
axios.head(url[, config])
// HTTP OPTIONS
axios.options(url[, config])
// HTTP PATCH
axios.patch(url[, data[, config]])
```

以下方法中，url 為請求的連結； data 為請求需帶入的表單資訊；config 為請求的進階設定，例如：請求的 HTTP Header 可在 config 的 header 屬性中作設定。

在串接 RESTful API 時，主要會使用 HTTP 方法的 GET、POST、PUT、DELETE。假設有一組產品管理的 RESTful API 資訊如表 7-3，且發送的頁面與 API 屬於同一個站台，故可將 API 網域的部份省略，僅留下後續的連結位置。

表 7-3　產品管理 RESTful API

HTTP 方法	URL	說明	HTTP Body 內容
GET	/products	取得產品資訊清單	

GET	/products/{id}	取得產品的詳細資訊	`{`
			　　`product_name: '珍珠奶茶',`
			　　`price: 40`
			`}`

POST	/products	新增產品資訊	`{`
			　　`product_name: '珍珠奶茶',`
			　　`price: 45`
			`}`

PUT	/products/{id}	修改產品資訊	
DELETE	/products/{id}	刪除產品資訊	

　　發送取得產品資訊清單時，須使用 HTTP GET 方法，故使用 axios.get()方法，並帶入 API URL 發送。Axios 發送請求後，將回應 Promise 物件，故可搭配 async/await 建立 getProductList()方法如下：

JS JavaScript

```javascript
async getProductList() {
    const response = await axios.get('/api/products');
    console.log(response);
}
```

　　取得產品詳細資訊 API 的串接與取得產品清單相同，都使用 axios.get()方法，其不同的地方在於，串接詳細資訊時，需要帶入產品的 id 組成發送的 URL。建立取得產品詳細資訊 getProductInfo()方法程式如下：

JavaScript

```javascript
async getProductInfo(id) {
    const response = await axios.get(`/api/products/${id}`);
    console.log(response);
}
```

接著，建立新增產品 createProduct() 方法，新增產品時，需要在請求中帶入產品資訊。依表 7-3 所示，須以 JSON 格式帶入 product_name 及 price 資訊，故方法須有 data 參數，並在方法中使用 axios.post() 方法，程式如下：

JavaScript

```javascript
// 新增產品方法定義
async createProduct(data) {
    const response = await axios.post('/api/products', {
        params: data
    });
    console.log(response);
}
```

新增產品方法定義完成後，在新增產品－珍珠奶茶時，可撰寫程式如下：

JavaScript

```javascript
// 新增產品珍珠奶茶
createProduct({
    product_name: '珍珠奶茶',
    price: 40
})
```

產品建立後，可能會有修改的需求，故可建立 editProduct 方法。依表 7-3 的 API 資訊，修改時需要有修改產品的 id 及修改後的產品資訊，故方法有 id 及 data 參數，程式碼如下：

JS JavaScript

```javascript
// 修改產品方法定義
async editProduct(id, data) {
    const response = await axios.post(`/api/products/${id}`, {
        params: data
    });
    console.log(response);
}
```

當要修改產品 id 為 1 的產品資訊時，可撰寫程式如下：

JS JavaScript

```javascript
// 修改產品珍珠奶茶
editProduct(1, {
    product_name: '珍珠奶茶',
    price: 45
})
```

產品建立後，為了因應刪除的情境，可建立刪除產品方法。依表 7-3 所示，刪除產品 API 須在 URL 中帶入 id，故方法須定義參數 id，並在方法中使用 axios.delete() 方法串接刪除產品 API。刪除產品 deleteProduct() 方法程式碼如下：

JS JavaScript

```javascript
// 刪除產品方法定義
async deleteProduct(id) {
    const response = await axios.delete(`/api/products/${id}`);
    console.log(response);
}
```

當要刪除產品 id 為 1 的產品資訊時，可撰寫程式如下：

JS JavaScript

```
// 刪除產品珍珠奶茶
deleteProduct(1)
```

使用 axios 串接 API 時，因應不同類型的請求、驗證及併發需求，有許多盡階的方式，由於偏幅緣故，本節僅介紹 RESTful API 串接時的基本使用方法，有關進階的使用方式可至 axios 套件官網查詢。

圖 7-15　axios 官方網站（https://axios-http.com）

7-5 應用實例 – Chat GPT API 串接

本章的結尾來介紹 2023 年初爆紅的 ChatGPT，不知在學習 Vue.js 的讀者，是否都玩過了呢？ChatGPT 是一款 AI 聊天機器人，由 OpenAI 開發並於 2022 年 11 月發佈。由於 ChatGPT 基於大型語言模型訓練而成，有別於一般的聊天機器人，它對於語言的理解能力及回覆更能夠貼近人類的語言。

Open AI 提供 ChatGPT 的網頁版本供大家免費使用，透過網頁版本的使用，我們可知道 ChatGPT 具備以下能力：

- ◉ 依主題撰寫各類綱要
- ◉ 撰寫各類主題文章
- ◉ 撰寫程式
- ◉ 各類資料彙整

看見 ChatGPT 強大的功能，是否也會想把這樣強大的功能整合進自己開發的專案中呢？Open AI 除了提供網頁版本，讓我們免費與 AI 聊天機器人對話，Open AI 也提供了 Chat API 讓我們串接，使我們可以簡單地製作 AI 聊天機器人。

透過串接 Open AI 提供的 Chat API，我們可以引用已訓練好的 AI 模型，將使用者輸入的文字內容發送給 Chat API 服務，並且在 API 的回應中可以得到 AI 模型運算出的答覆，進而顯示在介面中形成聊天機器人的功能。本章將以串接 Open AI 提供的 Chat API 為範例，帶領讀者學習該如何在 Vue.js SPA 的架構下串接 API。

🔍 ChatGPT 帳號申請

ChatGPT 串接 API 為 Open AI 的付費服務。看到付費服務，是否心揪了一下？讀者們可以不用擔心，目前（2023 年 5 月）當我們申請 ChatGPT 帳號後，ChatGPT 將提供 5 美元的免費額度給我們試用，故讀者們可以申請一組帳號來小試身手。帳號申請步驟如下：

Step 1 進入 ChatGPT 註冊頁面（網址：https://chat.openai.com/auth/login），點選「Sign up」。

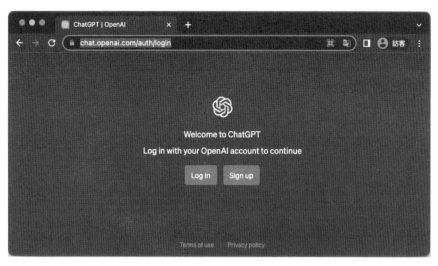

圖 7-16 ChartGPT 帳號登入及註冊頁

Step 2 進入註冊頁面後，在 Email address 欄位輸入自己的 E-mail 作
為 ChatGPT 帳號。

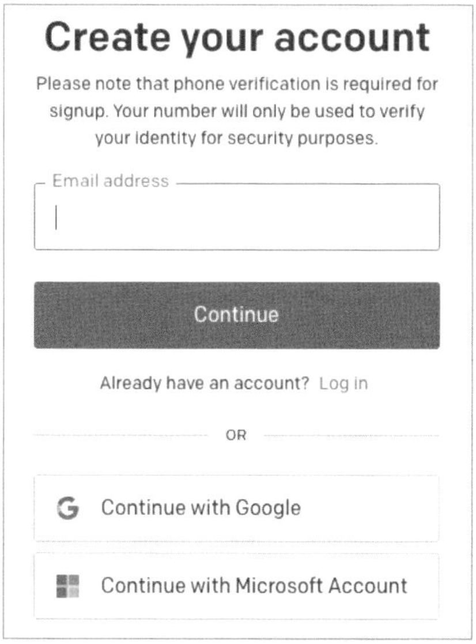

圖 7-17 輸入註冊帳號

Step 3 輸入帳號密碼。

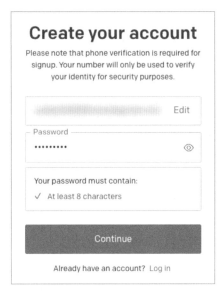

圖 7-18　輸入註冊密碼

Step 4 輸入完成後，將進入驗證 Email 階段，由於我們以 Gmail 作為申請帳號，註冊頁面貼心提供「Open Gmail」按鈕，可點選進入 Gmail 收信。

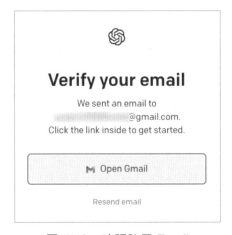

圖 7-19　確認註冊 Email

Step 5 收到 Open AI 系統寄送的信件後，點選「Verify email address」
以驗證 E-mail。

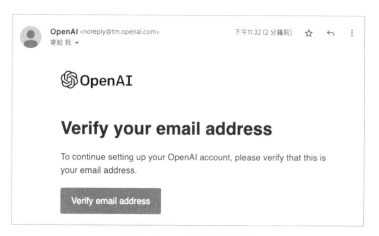

圖 7-20 確認信件內容

Step 6 輸入姓名及生日後，點選「Continue」。

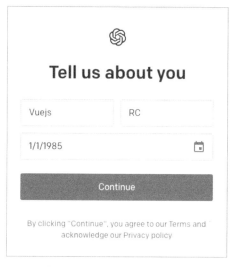

圖 7-21 輸入姓名及生日

Step 7 當看見此頁面時，代表已註冊完成，我們可以在左下角看見自己的註冊帳號。

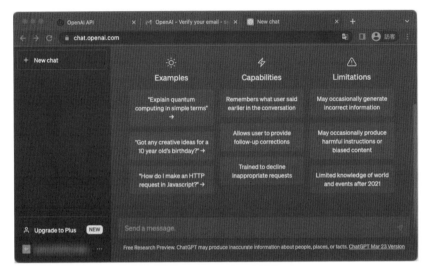

圖 7-22　註冊完成頁面

🔍 Chat API 串接說明

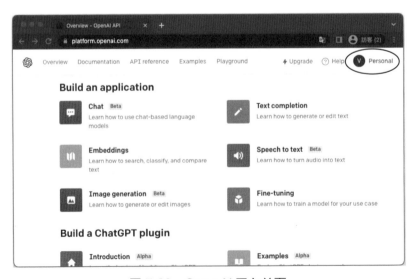

圖 7-23　Open AI 平台首頁

註冊完成後，可到 Open AI 平台的頁面（網址：https://platform.openai.com），此時如圖 7-23 可在右上角看見「Personal」的文字顯示，代表目前為個人帳戶。在這頁面中，可點選 API reference 查看 API 串接說明。

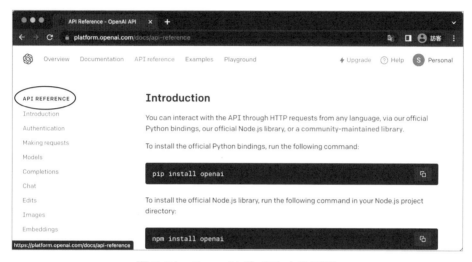

圖 7-24　Open AI 的 API 文件頁面

API 為應用程式的介面，進行 API 串接前，須先查看 API 串接文件，了解 API 串接的細節，以 Open AI 的 Chat API 為例，我們可進入 Open AI 平台的頁面查看 API 串接文件（網址：https://platform.openai.com/docs/api-reference）。進入頁面後，可見到 API 文件畫面如圖 7-24。在串接 Chat API 前須了解的資訊包含：

- ⊙ API 的驗證方式
- ⊙ API 的 URL
- ⊙ API 提供的參數
- ⊙ API 回應資料格式及內容
- ⊙ 取得 API 金鑰及組織 ID

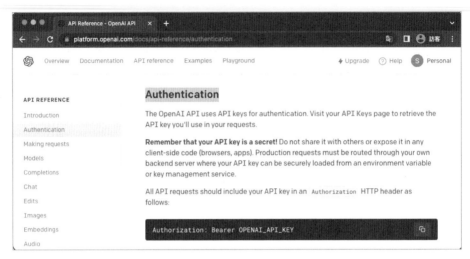

圖 7-25　API 驗證文件頁面

　　一般我們在串接 API 時，大多都需要在 API 中帶入驗證資訊，就如我們平常使用雲端服務一樣，需要輸入帳號密碼進行身份驗證。在 Open AI 的 API 串接文件（網址：https://platform.openai.com/docs/api-reference/authentication）中提到，當我們發送請求給 API 時，須在請求的 header 帶入「API 金鑰」及「組織 ID」。因此，取得「API 金鑰」及「組織 ID」為我們的首要任務，其取得步驟如下：

Step **1** 點選頁面右上的「Personal」，出現個人選單後，選取「View API keys」，進入產生 API 金鑰頁面。

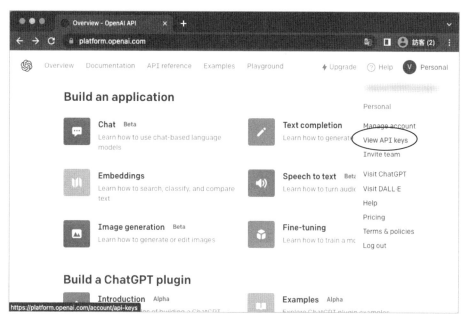

圖 7-26　個人選單

Step 2 進入產生 API 金鑰頁面後，點選「＋Create new secret key」。

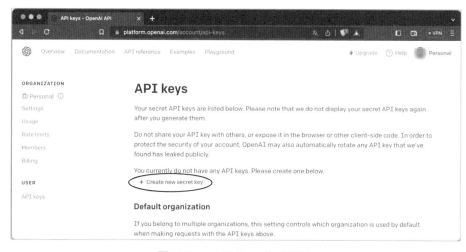

圖 7-27　API Key 生成頁面

Step 3 頁面跳出視窗後，在「Name」的欄位處輸入金鑰名稱，輸入完成後點選「Create secret key」。

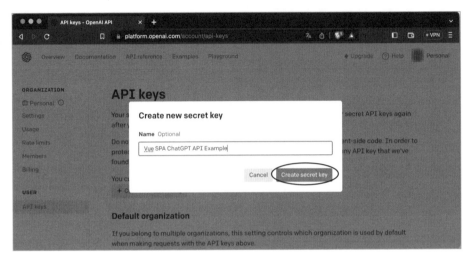

圖 7-28　輸入 API 金鑰名稱

Step 4 產生金鑰後，可點選「Done」按鈕上方的「📋」按鈕複製。

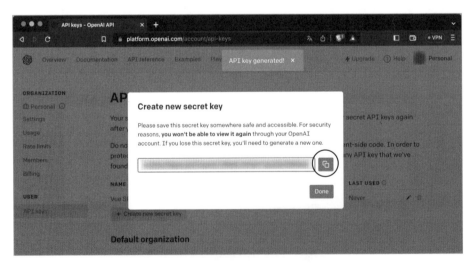

圖 7-29　顯示產生的 API 金鑰

Step 5 看見頁面上方的「API key copied!」訊息後，代表已複製成功。此時，須將 API 金鑰記起來，它只會顯示一次而已。

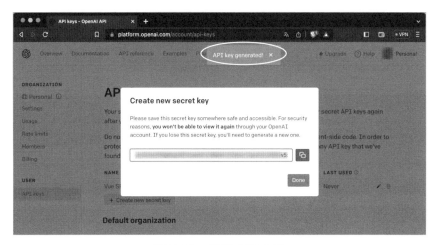

圖 7-30　複製 API 金鑰

Step 6 在上一步驟的畫面點選「Done」後，可看見新產生的 API 金鑰在清單中，但 Key 的內容已無法複製。如果上一步驟沒複製成功的，可以點選垃圾桶圖示刪除並點選「+ Create new secret key」重新產生 API 金鑰。

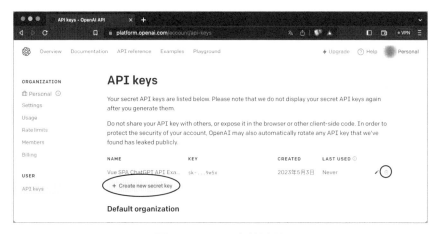

圖 7-31　API 金鑰清單

Step 7 成功取得 API 金鑰後,可點選左側選單「ORGANIZATION」
的「Settings」進入取得組織 ID 的介面後,複製「Organization
ID」下 org 開頭的文字。

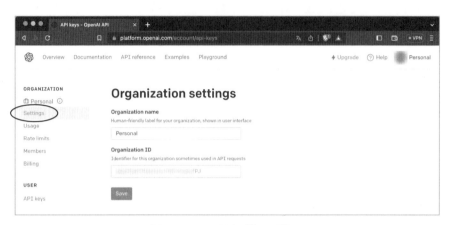

圖 7-32　取得組織 ID 頁面

🔍 Chat API 串接説明

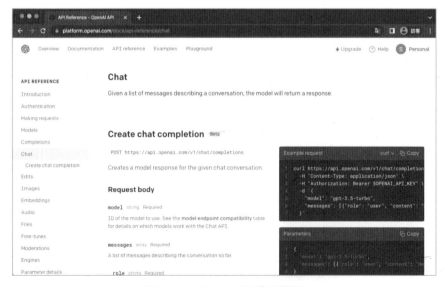

圖 7-33　Chat API 說明頁面

製作聊天機器人時，我們需要使用 Chat API。在使用者發話後，透過 Chat API 能夠協助我們取得合適的回應資訊給使用者。Chat API 使用方法可在 Open AI 平台的 API reference 頁面中，找到 Chat 部份查看。本節範例中需要的串接資訊如下：

◉ API URL：https://api.openai.com/v1/chat/completions

◉ API Header 參數說明如下表：

表 7-4　Chat API 請求參數說明彙整表

Header Key	範例值	說明
Content-Type	application/json	回應內容的資料格式，由於回應為 JSON 的格式，固定帶「application/json」即可
Authorization	Bearer sk-xxxxxx	帶入在後台中帶入的 API 金鑰，格式為「Bearer」加「API 金鑰」
OpenAI-Organization	org- xxxxxxxxxxx	帶入在後台查到的「組織 ID」

◉ API 請求範例如下：

```
{
    model: 'gpt-3.5-turbo-0301',
    messages: [
        {
            role: 'user',
            content: words
        }
    ],
    temperature: 0.7
}
```

請求參數說明如下表：

表 7-5　Chat API 請求參數說明彙整表

參數名稱	資料型態	說明
model	string	AI 模型
message	array	每個陣列包含以下必填資訊： 1. role：提供訊息的作者角色，system、user 及 assistant 擇一即可。 2. content：使用者的發話內容
temperature	Number	可輸入 0～2 之間的數值，數值越高，同樣的發話內容，AI 回應的內容相異度越高。

◉ API 回應：

```
{
    "id": "chatcmpl-123",
    "object": "chat.completion",
    "created": 1683203447,
    "model": "gpt-3.5-turbo-0301",
    "usage": {
        "prompt_tokens": 10,
        "completion_tokens": 9,
        "total_tokens": 19
    },
    "choices": [
        {
            "message": {
                "role": "assistant",
                "content": "Hello! How can I assist you today?"
            },
            "finish_reason": "stop",
            "index": 0
        }
    ]
}
```

回應參數說明如下表：

表 7-6　Chat API 回應參數說明彙整表

參數名稱	資料型態	說明
model	string	產生回應使用的 AI 模型
choices	array	AI 產生的回應資訊，陣列中的可用資訊説明如下： index：索引值，從 0 開始起算 message： message 的 content 屬性可作為機器人答覆的回應資訊。

範例 7-4　Chat API 串接

圖 7-34　範例 7-4 畫面

前面了解了 Chat API 的串接資訊，接著進入本節重點，要來製作聊天機器人的介面。本例製作的介面畫面如圖 7-34 所示，包含對話顯示框、發話輸入文字區塊及送出按鈕。當使用者輸入「早安，你今天過得好嗎？」點選「送出」後，程式將使用者輸入的內容發送給 Chat API。

接著，Chat API 將回應 AI 運算的結果，當程式取得 API 回應後，將其解析讓畫面顯示 API 回應的內容，就如同機器人回應我們一樣。

本例將著重如何在 Vue.js 的 SPA 框架下當如何串接 API 實作介面功能。因此，本例在以下前置作業的基礎下，開始進行串接教學說明：

- 以 Vue CLI 建立專案
- 在專案根目錄下輸入「yarn add axios」安裝 axios 套件
- 建立對話顯示元件，程式碼如下：

Vue SFC　vue3/ch07/7-4-chatgpt/src/components/talk-list.vue

```html
<template>
    <div class="chat-container">
        <div
            class="chat-item"
            v-for="(item, index) in talkContents"
            :key="index"
            :class="item.class"
        >
            <div class="person">{{ item.user }}: </div>
            <div class="content">{{ item.content }} </div>
        </div>
    </div>
</template>

<script type="text/javascript">
module.exports = {
    // ---- (設置元件名稱) ----
    name: 'talk-list',
    props: {
        // v-model 用屬性
        talkContents: {
            type: Array,
            default: [],
```

```
        },
    },
}
</script>

<style scoped>
.chat-container {
    width: 100%;
    height: 75vh;
    border: 1px #333 solid;
    border-radius: 1rem;
    margin-bottom: 1rem;
    overflow-y: scroll;
    display: block;
}
.chat-container .chat-item {
    width: 100%;
    display: flex;
    margin-bottom: 0.25rem;
}

.chat-container .chat-item.user {
    background: #BBB;
    padding: 0.5rem 0.25rem;
}

.chat-container .chat-item.chatgpt {
    background: #DDD;
    padding: 0.5rem 0.25rem;
}

.person {
    width: 5rem;
    text-align: right;
}
.content {
    width: calc(100% - 5rem);
```

```
        padding-left: 0.75rem;
}
</style>
```

◉ 建立發話輸入元件，程式碼如下：

 Vue SFC　vue3/ch07/7-4-chatgpt/src/components/words-input.vue

```
<template>
    <div class="form-group row">
        <div class="col-sm-11">
            <input
                type="text"
                class="form-control"
                placeholder="請輸入您想說的話"
                v-model="value"
            />
        </div>
        <label class="col-sm-1 col-form-label" style="padding: 0px;">
            <button
                type="button"
                class="btn btn-primary"
                @click="send"
                :disabled="disabled"
            >送出</button>
        </label>
    </div>
</template>

<script type="text/javascript">
module.exports = {
    // ---- (設置元件名稱) ----
    name: 'words-input',
    props: {
        // v-model 用屬性
        modelValue: {
            type: String,
```

```
            default: '',
        },
        // 欄位名稱屬性
        columnName: {
            type: String,
            default: '',
        },
        // ---- （以下可放客製化元件屬性） ----
        placeholder: {
            type: String,
            default: '',
        },
        disabled: {
            type: Boolean,
            default: false,
        },
    },
    computed: {
        // v-model 用變數
        value: {
            get() {
                return this.modelValue
            },
            set(value) {
                this.$emit('update:modelValue', value)
            }
        },
    },
    methods: {
        send() {
            this.$emit('send');
        },
    }
}
</script>
```

完成了範例前置作業後，首先，我們需要在 App.vue 主樣板元件中建立以下樣板，程式碼如下：

Vue SFC vue3/ch07/7-4-chatgpt/src/App.vue

```
<template>
    <div id="app">
        <h4>ChatGPT 對話視窗</h4>
        <TalkList
            ref="chat-container"
            :talk-contents="talk_contents"
        />
        <WordsInput
            v-model="words"
            @send="send"
            :disabled="is_wait_chatgpt_response === true"
        />
    </div>
</template>
// <!- （略） -->
```

上面的程式碼中，引用了 2 個元件 – TalkList 及 WordsInput。記得引用元件需要使用 import 引用並在程式 Option API 的 components 註冊，程式如下：

Vue SFC vue3/ch07/7-4-chatgpt/src/App.vue

```
<template>
    // <!- （略） -->
</template>

<script>
// <!- （略） -->
import TalkList from './components/talk-list.vue';
import WordsInput from './components/words-input.vue';
```

```
export default {
    // <!- (略) -->
    components: {
        WordsInput,
        TalkList,
    },
}
</script>

// <!- (略) -->
```

接著，需要建立資料模型，其程式碼如下：

Vue SFC vue3/ch07/7-4-chatgpt/src/App.vue

```
// <!- (略) -->
<script>
// <!- (略) -->
export default {
    name: 'App',
    data: () => ({
        // 對話內容
        talk_contents: [],
        // 輸入對話內容
        words: '',
        // 等待 Chat API 回應
        is_wait_chatgpt_response: false,
        // Chat API Setting
        api_settings: {
            url: 'https://api.openai.com/v1/chat/completions',
            model: 'gpt-3.5-turbo-0301',
            // 須填入已取得的 API 金鑰
            api_token: 'sk-test-api-token',
            // 須填入已取得的組織 ID
            organization_id: 'org-test-org-id',
        },
    }),
```

```
    // <!- (略) -->}
</script>

// <!- (略) -->
```

上述的資料模型程式中變數的說明如下：

◉ api_settings：記錄 Chat API 的設定，其中包含：

- url：資料型態為 String，作為記錄 API URL 變數

- model：資料型態為 String，作為選擇 AI 模型變數使用

- api_token：資料型態為 String，作為儲存 API 金鑰變數用

- organization_id：資料型態為 String，作為儲存組織 ID 變數用

◉ talk_contents：資料型態為 Array，儲存使用者及聊天機器人的對話

◉ words：資料型態為 String，作為使用者輸入發話內容變數

◉ is_wait_chatgpt_response：資料型態為 Boolean，作為鎖定送出按鈕的變數，避免重覆點選送出

完成資料模型的建立後，先建立發送 Chat API 請求的方法 - sendRequestToChatGPT，程式碼如下：

Ⅴ Vue SFC vue3/ch07/7-4-chatgpt/src/App.vue

```
// <!- (略) -->
<script>
// <!- (略) -->
export default {
    // <!- (略) -->
    methods: {
        async sendRequestToChatGPT(words) {

            const headers = {
                "Content-Type": "application/json",
                "Authorization": `Bearer ${this.api_settings.api_token}`,
```

```
                    "OpenAI-Organization": this.api_settings.organization_id,
                }

                const params = {
                    model: 'gpt-3.5-turbo-0301',
                    messages: [
                        {
                            role: 'user',
                            content: words
                        }
                    ],
                    temperature: 0.7
                }

                const response = await axios.post(this.api_settings.url, params, {
                    headers: headers,
                });

                let result = {};
                if(response.status === 200) {
                    result = await response.data;
                }

                return result;
            },
            // <!- (略) -->
        },
        // <!- (略) -->
}
</script>
// <!- (略) -->
```

　　sendRequestToChatGPT 方法只做發送請求給 Chat API 並取得 API
的回應解析結果回給呼叫方法的程式。由於發送請求給 API 為非同步
程式，故方法以 async/await 的語法撰寫。發送請求需使用 axios 套件，

故在程式中須使用 import 引用 axios 套件。發送請求前，須準備以下變數：

- ◉ headers：請求的 Header 中，須帶入以下資訊：
  - Content-Type：application/json
  - Authorization：帶入「API 金鑰」，格式為「Bearer」+「API 金鑰」
  - OpenAI-Organization：帶入「組織 ID」
- ◉ params：以 Object 的形式組合請求的參數，並將方法帶入的 words 作為發話的文字內容整合至 message 裡 content 的內容。

組合完請求的 Header 及參數後，即可使用 axios 發送請求給 Chat API。Axios 的回應內容為 Premise，故可以用 await 取得回應結果，讓 response 變數接取。透過 Axios 取得 API 回應後，可以 response 的 status 屬性取得 Http/Https 回應碼，若為 200 則代表有正確回應。此時，可以 response.data 取得 API 的回應內容。

完成 sendRequestToChatGPT 方法後，接著來寫 "點選「送出」後，須執行的程式"，程式碼如下：

▼ Vue SFC vue3/ch07/7-4-chatgpt/src/App.vue

```
// <!- (略) -->
<script>
// <!- (略) -->
export default {
    // <!- (略) -->
    methods: {
    // <!- (略) -->
        // 送出
        async send() {

            // 送出後須鎖定送出按鈕(避免重覆發送)
            this.is_wait_chatgpt_response = true;
```

```
// 對話櫃加入自己的發話
let words = this.words;
this.talk_contents.push({
    class: 'user',
    user: '我',
    content: words,
});
// 清除發話內容
this.words = '';

// 發送請求給 ChatGPT API
const response = await this.sendRequestToChatGPT(words);

// 取得 API 回應後，解析回應內容並取出回應訊息
let message = '';
if(response.choices !== undefined && response.choices.
    length > 0) {
    message = response.choices[0].message.content;
}
this.talk_contents.push({
    class: 'chatgpt',
    user: 'ChatGPT',
    content: message,
});

this.$nextTick(function() {
    this.is_wait_chatgpt_response = false;
    // 自動滑到底
    let height = this.$refs['chat-container'].clientHeight;
    let scrollHeight = this.$refs['chat-container'].
        scrollHeight;
    let scrollTop = scrollHeight - height + 100;
    this.$refs['chat-container'].scrollTop = scrollTop;
})
    },
},
```

```
    // <!- (略) -->
}
</script>
// <!- (略) -->
```

send 方法由於會執行 sendRequestToChatGPT 方法，由於 sendRequestToChatGPT 也會回應非同步的 Premise，故也需要以 async/await 撰寫此方法。send 方法執行的思路說明如下：

- 首先，執行時先將資料模型中的 is_wait_chatgpt_response 變為 true，讓樣版中的按鈕可以鎖定不再被按。

- 接著，將目前資料模型 words 變數已儲存的發話內容加入到資料模型 talk_contents 陣列變數裡。加入後，talk_contents 的變動重新渲染綁定的對話顯示元件，將重新渲染，使用者的發話將顯示在對話顯示元件中。

- 使用者發話的內容增加至資料模型 talk_contents 陣列變數後，需要清空發話輸入框，此時，可將已雙向綁定至發話輸入元件的資料模型 words 變數清空即可達到目的。

- 接著，將使用者填的發話內容呼叫 sendRequestToChatGPT 方法幫我們發送請求給 Chat API，並以 await 的方法將取得的內容存至 response。

- 取得 response 後，解析內容取得 AI 運算的回應訊息，並將訊息新增至資料模型的 talk_contents 變數，讓 AI 的回應也顯示於對話顯示元件中。

- 最後，使用 $nextTick 的方法在下一個渲染循環中，is_wait_chatgpt_response 恢復為 false，解除「發送」按鈕的綁定，並將對話元件拖至最下方。

完成程式後，恭喜！你已在這個範例中製作出第一個屬於自己的聊天機器人了。如圖 7-35 在這對話框中，可以輸入讀者想問的問題與 AI 聊天機器人互動。

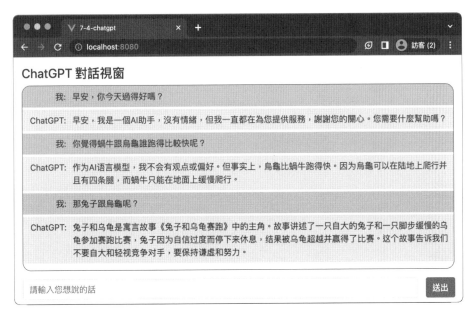

圖 7-35　AI 聊天機器人互動畫面

Vuex 狀態管理

8-1 Vuex 特性與概念

使用 Vue.js SPA 的架構開發 Web 大型應用程式的過程中，為了提升程式碼的可重覆利用性，通常會使用第 5 章介紹元件製作的方式，將頁面的各部份逐一地元件化。當開發的專案中元件層級越來越多時，可能會遇到資料傳遞的困境。

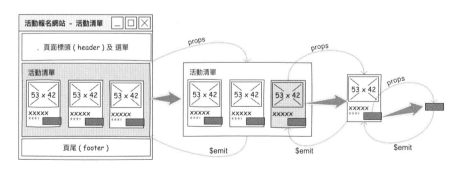

圖 8-1　Vue.js 資料傳遞的困境

如上圖所示，在頁面中每一層元件的資料傳遞。當父層元件需要傳遞資料給子層元件時，需要子層元件定義 props 屬性來接收；反之，當子層元件需要傳遞事件或資料時，也需要使用 $emit 往父層傳送。當元件層級越來越多時，資料傳遞將會變得過度冗長且難以維護。為了解決這樣的困境，需要導入 Vuex 套件，透過使用 Vuex 將專案頁面的資料處理模組化，不僅提升程式碼的維護性，也大大增加程式的可重覆利用性。

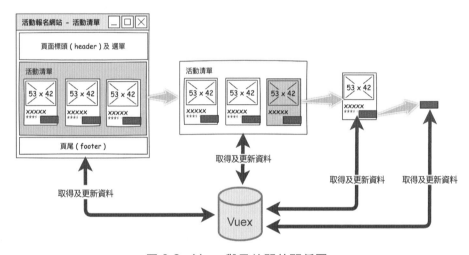

圖 8-2　Vuex 與元件間的關係圖

Vuex 為 Vue.js 官方提供的 JavaScript 套件，當 Vue.js SPA 專案導入 Vuex 後，Vuex 將建立狀態機儲存資料，所有元件可透過與 Vuex 提供的方法取得或更新資料。如此一來，便可避免過度冗長的資料傳遞問題，它具有以下特性：

◉ 實現專案內所有元件資料共用

◉ 統一 API 串接方法

◉ 統一資料的處理方法

◉ 具有狀態機管理系統，可以實現資料模組化

🔍 Vuex 安裝及基礎結構

講解導入 Vuex 之前，須先建立 Vue.js SPA 專案及安裝 Vuex 套件。Vuex 最新版本 4.x 與 Vue.js 不相容，故安裝時須安裝 3.x 版本，以下為 Vue.js 2.x 及 3.x 版本建立及安裝指令對照：

SHELL

Vue.js 2.x	Vue.js 3.x
```# 建立預設vue2 專案``` ```# 須選擇「Default ([Vue 2] babel,``` ```eslint)」``` ```vue create 8-1``` ```# 安裝vuex 套件``` ```yarn add vuex@^3.0```	```# 建立預設vue3 專案``` ```# 須選擇「Default ([Vue 3] babel,``` ```eslint)」``` ```vue create 8-1``` ```# 安裝vuex 套件``` ```yarn add vuex```

安裝完 Vuex 套件後，可在專案根目錄裡的 src 目錄下建立 store 目錄放置與 Vuex 相關的程式碼。Vuex 在 Vue.js 2.x 與 3.x 的 Option API 使用用法幾乎相同，主要的差異在於建立 Vuex 實體及註冊至 Vue.js 的方式。假設在程式中，建立 storeOptions 作為設置 Vuex Option API 的變數，建立狀態機程式如下：

JS JavaScript

Vue.js 2.x	Vue.js 3.x
```import Vue from 'vue';``` ```import Vuex from 'vuex';``` ``` ``` ```Vue.use(Vuex);``` ``` ``` ```// Vuex Option API``` ```const storeOptions = {``` ``` // 狀態資料``` ``` state: {``` ``` },```	```import { createStore } from``` ```'vuex';``` ``` ``` ```// 狀態機實體``` ```const storeOptions = {``` ``` // 狀態資料``` ``` state: {``` ``` },``` ``` // 自定義組合參數``` ``` getters: {```

```
    // 自定義組合參數              },
    getters: {                    // 更新器
    },                            mutations: {
    // 更新器                      },
    mutations: {                  // 異步處理動作
    },                            actions: {
    // 異步處理動作                 },
    actions: {                    // vuex 模組
    },                            modules: {
    // vuex 模組                    },
    modules: {                 };
    },
};                            export default
                              createStore(storeOptions);
export default new
Vuex.Store(storeOptions);
```

　　Vue.js 2.x 註冊套件時，須在 Vue.js 實體建立前使用 use 方法註冊。因此，在 Vue.js 2.x 版本註冊 Vuex 時，須先載入 vue 套件，使用 Vue 的 use 方法註冊 Vuex 後，再以 new 的方式，將使用 Vuex 的 Store 方法建立狀態機實體，Store 方法中則須帶入 storeOptions 變數，將 Vuex Option API 設置內容帶入。與 Vue.js 2.x 版本相比，Vue.js 3.x 註冊套件較為簡化，僅需載入 Vuex 的 createStore 方法，並將已建立的 storeOptions 帶入方法中建立 Vuex 狀態機實體。

　　Vuex 的 Option API 設置項目如下：

◉ state：狀態機記錄當前資料的地方。

◉ getters：狀態機記錄自定義組合參數的地方。

◉ mutations：狀態機裡更新 state 的方法

◉ actions：狀態機裡異步處理的方法

◉ modules：模組載入的地方

狀態機實體最後以 export default 的方式將其匯出。完成狀態機的
程式後，可至 Vue.js 主程式，引用 Vuex 狀態機，Vue.js 2.x 與 3.x 引用
程式碼如下：

JS JavaScript

Vue.js 2.x	Vue.js 3.x

```import Vue from 'vue';```
```import App from './App.vue';```
```import store from './store';```
 	
```Vue.config.productionTip = false;```
 	
```new Vue({```
``` store,```
``` render: h => h(App),```
```}).$mount('#app');```
	```import { createApp } from 'vue';```
	```import App from './App.vue';```
	```import store from './store';```
	
	```createApp(App)```
	```.use(store)```
	```.mount('#app');```

　　Vuex 狀態機實體引入 Vue.js SPA 專案的程式進入點後，Vue.js 2.x
須建立 Vue 實體時帶入 store；Vue 3.x 須在 Vue 實體建立後，以 use 方
法將 Vuex 狀態機帶入。帶入後，專案便具有 Vuex 狀態機管理的功能，
可以開始進入 Vuex 的世界了。

08
CH

Vuex 狀態管理

8-2 Vuex 資料流及狀態機定義

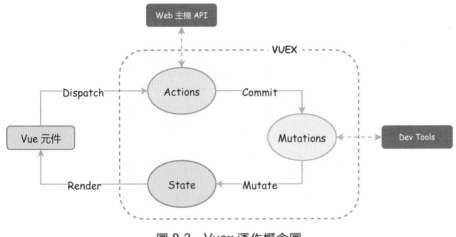

圖 8-3　Vuex 運作概念圖

　　Vuex 與 Vue 元件之間的資料流向為單一方向，Vue 元件僅執行 Vuex 狀態機中的方法，並取得狀態機中的資料進行元件渲染，其餘的資料處理及更新交由 Vuex 負責。如上圖，Vuex 具有 3 個主要的部份：

◉ Actions－異部處理動作

　　Actions 主要定義了異步處理方法，通常用於定義串接 Web 主機 API 的方法。當 Vue 元件呼叫 Actions 裡異步處理方法時，該方法將以 AJAX 方式發送請求，當主機的回應資訊需要更新至狀態資料時，須將資料傳遞給「Mutations」裡的方法，由 Mutations 裡的方法進行狀態資料的更新。

◉ Mutations－更新器

　　Mutations 作為 Vuex 狀態機的更新器，它主要接收從 Actions 方法來的資料，並將資料更新至狀態機中的狀態資料。在開發環境下，當資料有更新時，也會通知 Dev Tools，方便開發時的除錯。

◉ State – 狀態資料

State 為狀態機裡儲存資料的地方，在 Vuex 嚴僅模式下，狀態資料只能由 Mutations 裡定義的方法更新。當 Vue 元件向 Vuex 狀態機要資料時，狀態機將會把當前的狀態資料傳遞給 Vue 元件。此外，當 State 狀態資料變更時，狀態機也會更新資料給 Vue 元件。

了解 Vuex 與 Vue 元件的資料流之後，本章接下來將以第 4 章的範例 4-1 匯率換算為基礎改寫成 Vuex 的方式，講解如何使用 Vuex 的 Option API 定義狀態機中的各部份，及各部份的關係。

🔍 狀態資料 – state

由 Vuex 管理的狀態資料為 state，state 如同 Vue.js 元件的 data 均是定義資料模型的地方。因此，匯率換算範例中已定義的資料模型可直接移植至 Vuex 的 state，程式範例如下：

JS JavaScript vue3/ch08/8-2-vuex-store/src/store.js

```javascript
import { createStore } from 'vuex';

// 狀態機實體
const storeOptions = {
    // 狀態資料
    state: {
        ntd: 100,
        usdRate: 31.22,
        jpnRate: 0.2788,
    },
    // (--略--)
};

export default createStore(storeOptions);
```

在狀態機的狀態資料中，定義了以下屬性：

- ntd：資料型態為「數字」，記錄使用者輸入的台幣數值
- usdRate：資料型態為「數字」，記錄台幣換購美金的匯率
- jpnRate：資料型態為「數字」，記錄台幣換購日幣的匯率

Vuex 的 state 與 Vue.js 元件的 data 看似相同，卻在使用上存在著差異。Vue.js 元件的 data 須建立方法回傳資料模型物件，且可在任意方法中更新資料。反之，在 Vuex 直接在 state 屬性直接以資料模型物件定義即可。由於 Vuex 已定義了資料的更新方式，state 資料需要更新時，僅可在 mutation 裡定義的方法裡更新。

🔍 自定義組合參數 – getter

Vuex 狀態機裡，可以在 getters 中定義自定義組合參數，它的角色如同 Vue.js 元件的 computed，可以將資料模型的資料組合計算建立自定義組合參數。定義語法如下：

JS JavaScript

```javascript
// (--略--)
    getters: {
        // 計算並指定參數名稱
        [自定義組合參數名稱]: function(state, getters, rootState,
            rootGetter) {
            const value = [計算程式]
            return value;
        }
    }
// (--略--)
```

使用資料模型的參數時，gettets 不同於 computed 在方法內直接以 this 提取，getters 使用資料模型的參數須從 function 帶入，分別如下：

- state：取得同層級的 state 狀態資料
- getters：取得同層級的 getters 自定義組合參數
- rootState：取得根層級的 state，Vuex 模組化時使用
- rootGetters：取得根層級的 getters，Vuex 模組化時使用

匯率換算範例中，computed 定義了 usd 及 jpn 兩個自定義組合參數，移植至 Vuex 的 getters 程式碼如下：

JS JavaScript vue3/ch08/8-2-vuex-store/src/store.js

```javascript
import { createStore } from 'vuex';

// 狀態機實體
const storeOptions = {
    // 狀態資料
    state: {
        ntd: 100,
        usdRate: 31.22,
        jpnRate: 0.2788,
    },
    // 自定義組合參數
    getters: {
        usd(state, getters, rootState, rootGetters) {
            return Math.round(state.ntd / state.usdRate * 100) / 100;
        },
        jpn(state, getters, rootState, rootGetters) {
            return Math.round(state.ntd / state.jpnRate * 100) / 100;
        },
    }
    // (--略--)
};

export default createStore(storeOptions);
```

上述程式中，getters 裡的 usd 及 jpn 只使用了同層級的 state 狀態資料作美金及日元的匯率換算，由於其後的 getters、rootState 及 rootGetters 尚未用到，故可以省略，修改程式碼如下：

JS JavaScript vue3/ch08/8-2-vuex-store/src/store.js

```javascript
// (--略--)
    getters: {
        usd(state) {
            return Math.round(state.ntd / state.usdRate * 100) / 100;
        },
        jpn(state) {
            return Math.round(state.ntd / state.jpnRate * 100) / 100;
        },
    }
// (--略--)
```

🔍 更新器 – mutations

Vuex 資料流定義中，更新 state 資料時，必須使用 mutations 裡定義的方法，因此 mutations 裡的方法可稱為更新器，其定義語法如下：

JS JavaScript

```javascript
// (--略--)
    mutations: {
        // 更新器
        [更新器名稱]: function(state, payload) {
            // 更新 state 處理程式
        }
    }
// (--略--)
```

定義更新器的方法中，有以下 2 個參數：

◉ state：取得狀態機的 state，在更新器中可直接讀取或更新狀態資料

◉ payload：定義使用更新器時，外部帶入的參數。由於外部帶入的參數僅可以有一個，若需要帶入多個變數時，可使用物件的方式帶入，例：{ varA, varB }

假設匯率換算範例將以串接 API 的方式取得日元及美元匯率，並更新至狀態機的狀態資料。由於狀態機的狀態資料必須使用 mutations 定義的更新器更新，故加入 updateNtd、updateUsdRate 及 updateJpnRate 等 3 個更新器，程式碼如下：

08
CH
Vuex 狀態管理

JS JavaScript vue3/ch08/8-2-vuex-store/src/store.js

```javascript
import { createStore } from 'vuex';
import axios from 'axios';

const storeOptions = {
    // 狀態機
    state: {
        ntd: 100,
        usdRate: 31.22,
        jpnRate: 0.2788,
    },
    // 更新狀態
    getters: {
        usd(state) {
            return Math.round(state.ntd / state.usdRate * 100) / 100;
        },
        jpn(state) {
            return Math.round(state.ntd / state.jpnRate * 100) / 100;
        },
    },
    // 更新器
```

```
    mutations: {
        // 更新 NTD 至 state
        updateNtd(state, payload) {
            state.ntd = payload;
        },
        // 更新 USD Rate 至 state
        updateUsdRate(state, payload) {
            state.usdRate = payload;
        },
        // 更新 JPN Rate 至 state
        updateJpnRate(state, payload) {
            state.jpnRate = payload;
        },
    },
    // (--略--)
};

export default createStore(storeOptions);
```

updateNtd、updateUsdRate 及 updateJpnRate 定義的更新器方法，payload 作為外部帶入須更新的匯率數值，指派給帶入的 state 變數裡特定的屬性，以完成狀態資料的更新。

異步處理動作 – actions

Vuex 資料流的定義中，將異步處理的方法統一定義在 actions 裡，且在 actions 定義的異步處理方法不可直接操作 state 狀態資料。actions 定義異步處理語法如下：

JS JavaScript

```
// (--略--)
    actions: {
        // 更新器
        [異步處理方法名稱]: function(store, payload) {
```

```
                // 異步處理程式
        }
    }
// (--略--)
```

actions 定義的方法中具有 2 個參數，說明如下：

⦿ store

actions 定義的方法中，第 1 個參數為 store，其完整內容如下：

```
{
    // 同層級的狀態資訊
    state,
    // 根層級的狀態資訊
    rootState,
    // 同層級的自定義組合變數
    getters,
    // 根層級的自定義組合變數
    rootGetters,
    // 呼叫使用 mutations 裡定義的方法
    commit,
    // 呼叫使用 actions 裡定義的方法
    dispatch
}
```

store 的完整內容中，state 與 rootState 作為取得狀態機中的狀態資訊使用，getters 及 rootGetters 作為取得狀態機中已定義的自定義組合變數。

當異步處理方法中，需要更新狀態資料時，須使用 commit 呼叫 mutations 已定義的更新器，將 payload 參數作為更新資料帶入。commit 使用語法如下：

JS JavaScript

```
commit([更新器方法名稱], payload)
```

當異步處理方法中，需要呼叫已定義的異步處理方法時，須使用 dispatch 呼叫 actions 已定義的異步處理方法，將 payload 參數作為異步處理的參數帶入。dispatch 使用語法如下：

JS JavaScript

```
dispatch([異步處理方法名稱], payload)
```

在定義 actions 的異步處理方法時，通常不會使用 srore 中所有提供的項目。此時，可以物件的方式帶入，便可直接使用。例如：異步處理方法中僅需使用 commit 更新狀態資料時，可改寫程式碼如下：

JS JavaScript

```
// (--略--)
    actions: {
        // 更新器
        [異步處理方法名稱]: function({ commit }, payload) {
            // 異步處理程式
        }
    }
// (--略--)
```

⦿ payload

定義使用更新器時，外部帶入的參數。由於外部帶入的參數僅可以有一個，若需要帶入多個變數時，可使用物件的方式帶入，例：{ varA, varB }

回到匯率換算範例，在範例中的美元及日元匯率將改為串接 API 的方式，串接 API 以 Mock.js 建立，資訊如下：

表 8-1 匯率轉換 API 表

HTTP 方法	URL	說明	HTTP Body 內容

GET	/api/rates/ntd	取得台幣換算各幣別匯率	`{`
			`    "rates": {`
			`        "usd": 30.22,`
			`        "jpn": 0.2288`
			`    }`
			`}`

建立完成後，由於需要串接 API，在程式中須引用 axios 套件，並在 actions 定義異步處理方法，程式如下：

JS JavaScript vue3/ch08/8-2-vuex-store/src/store.js

```javascript
import { createStore } from 'vuex';
import axios from 'axios';

const storeOptions = {
    // 狀態機
    state: {
        ntd: 100,
        usdRate: 31.22,
        jpnRate: 0.2788,
    },
    // 更新狀態
    getters: {
        usd(state) {
            return Math.round(state.ntd / state.usdRate * 100) / 100;
        },
        jpn(state) {
            return Math.round(state.ntd / state.jpnRate * 100) / 100;
        },
    },
    // 更新器
    mutations: {
        // 更新 NTD 至 state
```

```
            updateNtd(state, payload) {
                state.ntd = payload;
            },
            // 更新 USD Rate 至 state
            updateUsdRate(state, payload) {
                state.usdRate = payload;
            },
            // 更新 JPN Rate 至 state
            updateJpnRate(state, payload) {
                state.jpnRate = payload;
            },
        },
        // 異步處理動作
        actions: {
            async getCurrencyExchangeRates({ commit }) {
                const response = await axios.get('/api/rates/ntd');
                commit('updateUsdRate', response.data.rates.usd);
                commit('updateJpnRate', response.data.rates.jpn);
            }
        },
};

export default createStore(storeOptions);
```

　　上述程式中，actions 中建立了 getCurrencyExchangeRates 異步處理
方法，方法中由於需要更新狀態資料，在第 1 個參數中以物件的方式將
commit 帶入使用，第 2 個參數由於不需要外部帶入的參數，故可省略。

　　getCurrencyExchangeRates 異步處理方法使用 axios 向 API 發送請
求取得回應資料後，使用 commit 呼叫 mutations 中定義的
updateUsdRate 及 updateJpnRate 更新器更新美元及日元匯率值。

　　至此，匯率換算範例的狀態機已定義完成，下一節將緊接著介紹，
如何在元件中使用狀態機的狀態資料及方法。

8-3 元件內使用 Vuex

Vuex 狀態機定義完成後，Vuex 提供了 2 種在 Vue.js 元件中引用的方式：

◉ 直接存取 this.$store

當 Vuex 註冊至 Vue 實體後，Vuex 狀態機將成為 Vue 實體的全域變數。此時，在 Vue.js 元件中，可使用 this.$store 取得狀態機，並存取狀態機中的狀態資料及已定義的方法。

◉ 使用輔助方法新增至元件

Vuex 針對狀態機中的 state、getters、mutations 及 actions 等部份提供了輔助方法。state 狀態資料及 getters 自定義組合變數透過輔助方法，使其成為 Vue.js 元件中的自定義組合變數。如此一來，建立對應的變數不僅可以在元件中直接以 this 取得數值，同時可進入 Vue.js 生命週期。mutations 更新器及 actions 異步處理方法，透過輔助方法成為元件內部的方法，讓 Vuex 定義的方法在 Vue.js 元件中作為元件內部方法使用。

Vuex 輔助方法名稱與狀態機項目對照表如下：

表 8-2　Vuex 輔助方法與狀態機項目對應表

Vuex 輔助方法名稱	Vuex 狀態機項目	說明
mapState()	this.$store.state	狀態機狀態資料
mapGetters()	this.$store.getters	狀態機自定義組合變數
mapMutations()	this.$store.commit()	狀態機更新器
mapActions()	this.$store.dispatch()	狀態機異步處理方法

對使用 Vuex 狀態機有了基礎概念後，將接續前一節匯率換算範例定義的狀態機，詳細講解狀態機的使用方法。

使用 state 狀態資料

state 狀態資料以物件的形式存於狀態機實體中，在 Vue.js 元件的樣板中，可使用以下語法作文字綁定：

Vue SFC

```
{{ $store.state.[狀態資料屬性名稱] }}
```

在 Vue.js 元件樣板中顯示美元及日元匯率時，可撰寫程式如下：

Vue SFC

```
<template>
  <div id="app">
    <ul>
        <li>美金匯率:{{ $store.state.usdRate }}</li>
        <li>日元匯率:{{ $store.state.jpnRate }}</li>
    </ul>
  </div>
</template>

// ---- (略) ----
```

Vue.js 元件中，可使用以下語法取得狀態機的 state 狀態資料：

Vue SFC

```
this.$store.state.[狀態資料屬性名稱]
```

頁面顯示的美元及日元匯率想改為自定義組合變數 usdRate 及 jpnRate 時，可在 Vue 元件的 computed 定義，在方法中，直接回傳狀態資料。程式碼如下：

```
// ---- (略) ----
   computed: {
       usdRate() {
           return this.$store.state.usdRate;
       },
       jpnRate() {
           return this.$store.state.jpnRate;
       },
       // ---- (略) ----
   },
// ---- (略) ----
```

Vuex 提供了 mapState()方法,將 state 狀態資料整合至 Vue.js 元件
的 computed 中,語法如下:

V Vue SFC

```
import { mapState } from 'vuex';

// ---- (略) ----
   computed: {
       ...mapState({
           // 賦值方法1-定義state 處理方法
           [自定義組合參數名稱]: state => state.[狀態資料屬性名稱],
           // 賦值方法2-狀態資料屬性名稱
           [自定義組合參數名稱]: [狀態資料屬性名稱],
       }),
   },
// ---- (略) ----
```

使用 mapState()方法時，語法說明如下：

◉ 須使用 import 引用 vuex 套件的 mapState()方法

◉ 須將 mapState()方法的回應，使用 ES6 的解構賦值特性，以關鍵字「…」整併至 computed

◉ 使用 mapState()方法的參數為物件形式，物件屬性為自定義組合變數名稱，物件值有 2 種赴值方式：

　● 定義 state 處理方法：定義方法具有 state 參數，state 為狀態機的狀態資料主體，在方法中可直接回應狀態資料屬性或加工後再回應。例如：美元匯率要加入 NT$ 前綴文字，程式如下：

Vue SFC

```
import { mapState } from 'vuex';

// ---- (略) ----
    computed: {
        ...mapState({
            usdRate: state => `NT$ ${state.usdRate}`,
        }),
    },
// ---- (略) ----
```

　● 狀態資料屬性名稱：以 state 狀態資料屬性名稱，等同於定義 state 方法直接回應狀態資料屬性，例如：state 中有 usdRate 屬性，可寫為：

Vue SFC

```
import { mapState } from 'vuex';

// ---- (略) ----
```

```
    computed: {
        ...mapState({
            usdRate: 'usdRate',
        }),
    },
// ---- (略) ----
```

上述的寫法等同於以下定義 state 處理方法：

Vue SFC

```
import { mapState } from 'vuex';

// ---- (略) ----
    computed: {
        ...mapState({
            usdRate: state => state.usdRate,
        }),
    },
// ---- (略) ----
```

瞭解 mapState() 使用方式後，可將 computed 自定義變數的 usdRate 及 jpnRate 程式改寫如下：

Vue SFC vue3/ch08/8-3-vuex-map/src/App.vue

```
// ---- (略) ----

import { mapState } from 'vuex';

// ---- (略) ----
    computed: {
        ...mapState({
            usdRate: state => state.usdRate,
            jpnRate: state => state.jpnRate,
        }),
        // ---- (略) ----
```

```
        },
  // ---- (略) ----
```

　　Vuex 狀態機的 state 狀態資料整合至 Vue.js 元件的 computed 自定義組合參數後，該變數可比照元件的自定義組合變數使用，例如：要將 usdRate 及 jpnRate 以文字綁定至樣板中程式如下：

▼ Vue SFC　vue3/ch08/8-2-vuex-store/src/App.vue

```
<template>
  <div id="app">
    <ul>
        <li>美金匯率：{{ usdRate }}</li>
        <li>日元匯率：{{ jpnRate }}</li>
    </ul>
  </div>
</template>

// ---- (略) ----
```

🔍 使用 getters 自定義組合變數

　　state 狀態資料以物件的形式存於狀態機實體中，在 Vue.js 元件的樣板中，可使用以下語法作文字綁定：

▼ Vue SFC

```
{{ $store.getters.[自定義組合變數名稱] }}
```

　　在 Vue.js 元件樣板中以文字綁定 state 狀態資料中，與 ntd 等值的美元及日元時，可撰寫程式如下：

```html
<template>
    <ul>
        <li>美金:{{ $store.getters.usd }} (匯率:{{ usdRate }})</li>
        <li>日元:{{ $store.getters.jpn }} (匯率:{{ jpnRate }})</li>
    </ul>
</template>
```

頁面顯示的等值美元及日元想改為自定義組合變數 usd 及 jpn 時,可在 Vue 元件的 computed 定義,程式碼如下:

Vue SFC vue3/ch08/8-2-vuex-store/src/App.vue

```javascript
// ---- (略) ----
    computed: {
        usd() {
            return this.$store.getters.usd;
        },
        jpn() {
            return this.$store.getters.jpn;
        },
        // ---- (略) ----
    },
// ---- (略) ----
```

Vuex 提供了 mapState()方法,將 state 狀態資料整合至 Vue.js 元件的 computed 中,語法如下:

Vue SFC

```javascript
import { mapGetters } from 'vuex';

// ---- (略) ----
    computed: {
        // 使用方法 1-物件參數
        ...mapGetters({
```

```
            [computed 自定義組合參數名稱]: [getters 自定義組合參數名稱],
        }),
        // 使用方法 1-陣列參數
        ...mapGetters([
            // 直接帶入 getters 自定義組合參數名稱字串
            [自定義組合參數名稱字串]
        ]),
    },
// ---- (略) ----
```

使用 mapGetters()方法時，語法說明如下：

◉ 使用 import 引用 vuex 套件的 mapGetters()方法

◉ mapGetters()方法的回應為物件，使用 ES6 的解構賦值特性，以關鍵字「…」整併至 computed

◉ 使用 mapGetters()方法的參數可分為物件或陣列形式，說明如下：

   • 物件：使用 mapGetters()方法參數帶入為物件時，物件屬性為元件的 computed 自定義組合變數名稱，物件屬性值為 Vuex 狀態機的 getters 自定義組合變數名稱。例如：要整併 getters 自定義組合變數裡等值美元 usd，程式語法如下：

Ｖ Vue SFC

```
import { mapGetters } from 'vuex';

// ---- (略) ----
    computed: {
        ...mapGetters({
            usd: 'usd',
        }),
    },
// ---- (略) ----
```

- 陣列：使用 mapGetters()方法參數帶入為陣列時，可在陣列中帶
  入 getters 自定義組合變數的名稱字串。例如：要整併 getters 自
  定義組合變數裡等值美元 usd，程式語法如下：

Vue SFC

```
import { mapGetters } from 'vuex';

// ---- (略) ----
    computed: {
        ...mapGetters([
            'usd',
        ]),
    },
// ---- (略) ----
```

瞭解 mapGetters()使用方式後，可將 computed 自定義變數的 usd
及 jpn 程式改寫如下：

Vue SFC vue3/ch08/8-3-vuex-map/src/App.vue

```
// ---- (略) ----
import { mapGetters } from 'vuex';

// ---- (略) ----
    computed: {
        ...mapGetters([
            'usd', 'jpn'
        ]),
        // ---- (略) ----
    },
// ---- (略) ----
```

Vuex 狀態機的 getters 自定義組合變數整合至 Vue.js 元件的 computed 自定義組合變數後，該變數可比照元件的自定義組合變數使用。接續前面建立的樣板，改為使用整併至 computed 自定義組合變數的 usd 及 jpn，程式修改如下：

Vue SFC vue3/ch08/8-2-vuex-store/src/App.vue

```
<template>
  <div id="app">
    <ul>
        <li>美金：{{ usd }} (匯率：{{ usdRate }})</li>
        <li>日元：{{ jpn }} (匯率：{{ jpnRate }})</li>
    </ul>
  </div>
</template>

// ---- (略) ----
```

使用 mutations 更新器

mutations 更新器的方法以物件的形式存於狀態機實體中，在 Vue.js 元件中使用時語法如下：

Vue SFC

```
this.$store.commit([更新器方法名稱], [更新器方法 payload])
```

接續匯率轉換範例，在樣板中要放置一個文字方塊給使用者輸入台幣金額，樣板程式碼將修改如下：

Vue SFC vue3/ch08/8-2-vuex-store/src/App.vue

```
<template>
  <div id="app">
    <label for="ntd">
      台幣：
```

```
            <input type="text" id="ntd" v-model="currentNtd" />
        </label>
        <ul>
            <li>美金：{{ usd }} (匯率：{{ usdRate }})</li>
            <li>日元：{{ jpn }} (匯率：{{ jpnRate }})</li>
        </ul>
    </div>
</template>
// ---- (略) ----
```

上述樣板中，文字方塊元件雙向綁定 Vue.js 元件資料模型的 currentNtd，由 currentNtd 接收使用者輸入的台幣金額。此時，可設在 watch 加入 currentNtd 的監聽器，當資料更新時，將新的數值更新至狀態機狀態資訊的 ntd 屬性，程式碼如下：

V Vue SFC　　vue3/ch08/8-2-vuex-store/src/App.vue

```
// ---- (略) ----
    watch: {
        currentNtd: function(newValue) {
            this.$store.commit('updateNtd', newValue);
        }
    },
// ---- (略) ----
```

Vuex 提供了 mapMutations()方法，將 mutations 更新器方法整合至 Vue.js 元件的 methods 中，語法如下：

V Vue SFC

```
// ---- (略) ----
    methods: {
        // 使用方法 1-物件參數
        ...mapMutations({
            [方法名稱]: [mutations 更新器名稱],
        }),
```

```
        // 使用方法 2-陣列參數
        ...mapMutations([
            // 直接帶入 mutations 更新器名稱字串
            [mutations 更新器名稱]
        ]),
    },
// ---- (略) ----
```

使用 mapMutations()方法時，語法說明如下：

◉ 使用 import 引用 vuex 套件的 mapMutations()方法

◉ mapMutations()方法的回應為物件，使用 ES6 的解構賦值特性，以關鍵字「…」整併至 methods

◉ 使用 mapMutations()方法的參數可分為物件或陣列形式，說明如下：

- 物件：使用 mapMutations()方法整併方法時，物件屬性為元件的 methods 的方法名稱，物件屬性值為 Vuex 狀態機的 mutations 更新器名稱。例如：要整併 mutations 裡的 updateNtd 更新器方法時，程式語法如下：

V Vue SFC

```
import { mapMutations } from 'vuex';

// ---- (略) ----
    methods: {
        ...mapMutations({
            updateNtd: 'updateNtd'
        }),
    },
// ---- (略) ----
```

- 陣列：使用 mapMutations() 方法參數帶入為陣列時，可在陣列中帶入 mutations 更新器的名稱字串。例如：要整併 mutations 裡的 updateNtd 更新器方法時，程式語法如下：

V Vue SFC

```
import { mapGetters } from 'vuex';

// ---- (略) ----
    computed: {
        ...mapGetters([
            'updateNtd',
        ]),
    },
// ---- (略) ----
```

Vuex 狀態機的 mutations 更新器方法整合至 Vue.js 元件的 methods 後，可比照元件內部的方法使用。接續前面監聽 currentNtd 數值變化，將新值更新至狀態機的 state 狀態資料，程式修改如下：

V Vue SFC　vue3/ch08/8-3-vuex-map/src/App.vue

```
// ---- (略) ----
import { mapMutations } from 'vuex';

// ---- (略) ----
    methods: {
    ...mapMutations([
        'updateNtd'
    ]),
    // ---- (略) ----
    },
    watch: {
        currentNtd: function(newValue) {
            this.updateNtd(newValue);
        }
```

```
        },
    // ---- (略) ----
```

使用 actions 異步處理方法

actions 異步處理的方法以物件的形式存於狀態機實體中，在 Vue.js 元件中使用時語法如下：

Vue SFC

```
this.$store.dispatch([異步處理方法名稱], [異步處理方法 payload])
```

接續匯率轉換範例，在狀態機的 actions 裡有 updateCurrencyExchangeRates 異步處理方法，可使用此方法在元件載入時，發送 API 取得匯率資料更新至 state 狀態資料中，程式碼如下：

Vue SFC vue3/ch08/8-2-vuex-store/src/App.vue

```
// ---- (略) ----
    mounted() {
        this.$store.dispatch('updateCurrencyExchangeRates');
    },
// ---- (略) ----
```

Vuex 狀態機的 actions 異步處理方法除了可直拉取全域的 $stote 狀態機實體操作外，Vuexa 也提供了 mapActions() 方法，將 actions 異步處理方法整合至 Vue.js 元件的 methods 中，語法如下：

Vue SFC

```
import { mapActions } from 'vuex';

// ---- (略) ----
    methods: {
        // 使用方法 1-物件參數
```

```
    ...mapAtions({
        [方法名稱]: [actions 異步處理方法名稱],
    }),
    // 使用方法 2-陣列參數
    ...mapAtions([
        // 直接帶入 actions 異步處理方法名稱字串
        [actions 異步處理方法名稱]
    ]),
    },
// ---- (略) ----
```

使用 mapActions() 方法時，語法說明如下：

◉ 使用 import 引用 vuex 套件的 mapActions() 方法

◉ mapActions() 方法的回應為物件，使用 ES6 的解構賦值特性，以關鍵字「…」整併至 methods

◉ 使用 mapActions() 方法的參數可分為物件或陣列形式，說明如下：

- 物件：使用 mapActions() 方法整併至 Vue.js 元件 methods 方法時，物件屬性為元件的 methods 的方法名稱，物件屬性值為 Vuex 狀態機的 actions 異步處理方法名稱。例如：要整併 actions 裡的 updateCurrencyExchangeRates 異步處理方法時，程式語法如下：

▼ Vue SFC

```
import { mapActions } from 'vuex';

// ---- (略) ----
    methods: {
        ...mapAtions({
            updateCurrencyExchangeRates:
'updateCurrencyExchangeRates'
        }),
    },
// ---- (略) ----
```

- 陣列：使用 mapActions() 方法參數帶入為陣列時，可在陣列中帶入 actions 異步處理方法的名稱字串。例如：要整併 actions 的異步處理方法 updateCurrencyExchangeRates 時，程式語法如下：

Vue SFC

```
import { mapActions } from 'vuex';

// ---- (略) ----

    methods: {
        ...mapAtions([
            'updateCurrencyExchangeRates',
        ]),
    },
// ---- (略) ----
```

Vuex 狀態機的 actions 異步處理方法整合至 Vue.js 元件的 methods 後，可比照元件內部的方法使用。接續前面元件載入時，發送 API 取得匯率資料更新至 state 狀態資料中，程式碼修改如下：

Vue SFC vue3/ch08/8-3-vuex-map/src/App.vue

```
// ---- (略) ----

import { mapActions } from 'vuex';

// ---- (略) ----
    methods: {
        ...mapActions([
            'updateCurrencyExchangeRates'
        ]),
        // ---- (略) ----
    },
    // ---- (略) ----
```

```
    mounted() {
        this.updateCurrencyExchangeRates();
    },
// ---- (略) ----
```

匯率換算範例整合

　　介紹完 Vuex 狀態機在元件中的使用後，直接使用全域的狀態機實
體操作的 Vue.js 元件完整程式碼如下：

Ⅴ Vue SFC　　vue3/ch08/8-2-vuex-store/src/App.vue

```
<template>
  <div id="app">
    <label for="ntd">
      台幣:
      <input type="text" id="ntd" v-model="currentNtd" />
    </label>
    <ul>
      <li>美金:{{ usd }} (匯率:{{ usdRate }})</li>
      <li>日元:{{ jpn }} (匯率:{{ jpnRate }})</li>
    </ul>
  </div>
</template>

<script>
export default {
  name: 'App',
  data: () => ({
    currentNtd: 0,
  }),
  computed: {
    usdRate() {
      return this.$store.state.usdRate;
    },
    jpnRate() {
```

```
      return this.$store.state.jpnRate;
    },
    usd() {
      return this.$store.getters.usd;
    },
    jpn() {
      return this.$store.getters.jpn;
    },
  },
  watch: {
    currentNtd: function(newValue) {
      this.$store.commit('updateNtd', newValue);
    }
  },
  mounted() {
    this.$store.dispatch('updateCurrencyExchangeRates');
  },
};
</script>

<style>
#app ul li { list-style-type: none; }
</style>
```

　　除了使用全域狀態機實體操作外，也可改用 Vuex 輔助方法將 state 及 getters 合併至 computed 自定義組合參數；將 mutations 及 actions 的方法合併至 methods 方法，Vue.js 元件完整程式碼如下：

V Vue SFC vue3/ch08/8-3-vuex-map/src/App.vue

```
<template>
  <div id="app">
    <label for="ntd">
      台幣：
      <input type="text" id="ntd" v-model="currentNtd" />
    </label>
```

```
    <ul>
        <li>美金：{{ usd }} (匯率：{{ usdRate }})</li>
        <li>日元：{{ jpn }} (匯率：{{ jpnRate }})</li>
    </ul>
  </div>
</template>

<script>
import { mapState, mapGetters, mapMutations, mapActions } from 'vuex';

export default {
  name: 'App',
  data: () => ({
    currentNtd: 0,
  }),
  computed: {
    ...mapState({
      usdRate: state => state.usdRate,
      jpnRate: state => state.jpnRate,
    }),
    ...mapGetters([ 'usd', 'jpn' ]),
  },
  methods: {
    ...mapMutations([ 'updateNtd' ]),
    ...mapActions([ 'updateCurrencyExchangeRates' ]),
  },
  watch: {
    currentNtd: function(newValue) {
      this.updateNtd(newValue);
    }
  },
  mounted() {
    this.updateCurrencyExchangeRates();
  },
};
</script>
<style>
```

```
#app ul li { list-style-type: none; }
</style>
```

使用 Vuex 狀態機的 Vue.js 元件完成後，可至終端機在 Vue.js SPA 專案目錄下執行「yarn serve」指令啟動 Webpack Dev Server，並連至首頁，執行結果將如下圖所示：

圖 8-4 匯率換算範例執行結果

8-4 Vuex 程式拆分與模組化

Web 應用程式的開發，因應需求的增加，Vuex 狀態機定義的內容將逐漸增加，此時，若將所有的狀態機定義內容全部放置同一檔案裡，Vuex 程式將會越來越難以閱讀及維護。本節將介紹 Vuex 程式拆分及模組化的方式，讓 Vuex 程式結構化的同時，更提升 Vuex 程式的閱讀性及維護性。

Vuex 程式拆分

在上一節中，專案 src 資料夾建立了 store 的資料夾放置 Vuex 程式。如圖 8-5 所示，在 store 資料夾中，僅建立了 Vuex 主程式的進入點 index.js。當 Vuex 狀態機的內容越來越多時，這樣的 Vuex 程式將變得難以閱讀及維護。

圖 8-5　Vuex 檔案拆解前檔案結構

Vuex 狀態機定義中 state、getters、mutations 及 actions 等 4 個部份資料型態均為物件，利用這個特性，可將各部份的程式拆解為獨立的 JavaScripth 程式，以 export default 的方式匯出物件，並建立彙整程式整併各部份定義內容產生狀態機實體。

依照上述原則，state 狀態資料將拆至 state.js 檔，程式碼內容如下：

JS JavaScript　vue3/ch08/8-4-vuex-component/src/store/state.js

```javascript
export default {
    ntd: 0,
    usdRate: 0,
    jpnRate: 0,
}
```

getters 自定義組合變數內容將拆至 getters.js 檔，程式碼內容如下：

JS JavaScript vue3/ch08/8-4-vuex-component/src/store/getters.js

```javascript
export default {
    usd(state) {
        return Math.round((state.ntd / state.usdRate) * 100) / 100;
    },
    jpn(state) {
        return Math.round((state.ntd / state.jpnRate) * 100) / 100;
    },
};
```

mutations 更新器方法將拆至 mutations.js 檔，程式碼內容如下：

JS JavaScript vue3/ch08/8-4-vuex-component/src/store/mutations.js

```javascript
export default {
    updateNtd(state, payload) {
        console.log('updateNtd', payload);
        state.ntd = payload;
    },
    // 更新 USD Rate 至 state
    updateUsdRate(state, payload) {
        console.log('updateUsdRate', payload);
        state.usdRate = payload;
    },
    // 更新 JPN Rate 至 state
    updateJpnRate(state, payload) {
        state.jpnRate = payload;
    },
};
```

actions 異步處理方法將拆至 actions.js 檔，程式碼內容如下：

```javascript
import axios from 'axios';

export default {
    async updateCurrencyExchangeRates({ commit }) {
        const response = await axios.get('/api/rates/ntd');
        console.log('updateCurrencyExchangeRates', response);
        if (response.data.code === 200) {
            commit('updateUsdRate', response.data.data.rates.usd);
            commit('updateJpnRate', response.data.data.rates.jpn);
        }
    },
};
```

最後，建立 index.js 檔彙整 Vuex 各部份定義內容及產生狀態機實體，程式碼內容如下：

```javascript
import { createStore } from 'vuex';
import state from './state.js';
import getters from './getters.js';
import mutations from './mutations.js';
import actions from './actions.js';

const storeOptions = {
    // 狀態資料
    state,
    // 自定義組合變數
    getters,
    // 更新器
    mutations,
    // 異步處理動作
    actions,
```

08
CH

Vuex 狀態管理

```
};

export default createStore(storeOptions);
```

　　檔案拆解完成後，專案 src 資料夾檔案結構變更如下圖所示：

圖 8-6　Vuex 拆分檔案結構

🔍 Vuex 模組定義

　　Vuex 程式拆分後，檔名依據 Vuex 狀態機定義的項目命名，變得更容易查找。同時，也減少單檔的內容，增加了閱讀性。然而，隨著系統開發的需求增加，Vuex 定義的內容將越來越多，依然會遇到檔案內容過多，不易閱讀等問題。雖然也可使用前面的拆解及合併的方式，但可能會遇到資料屬性名衝突覆蓋的問題。此時，可以使用 Vuex 提供的模組化功能，在大型專案中，使用 Vuex 的模組化功能，可以帶來以下效益：

- ◉ 避免 Vuex 單一檔案程式內容過多
- ◉ 可建立統一的檔案結構
- ◉ 增加程式的維護性及易讀性
- ◉ 具 namespace 避免相名稱相衝覆蓋問題

Vuex 模組前，首先須在 store 資料夾建立 modules 資料夾放置 Vuex 模組程式，每個 Vuex 模組程式皆須要獨立的資料夾放置。本章的匯率換算功能可建立 rate_exchange 資料夾放置匯率換算 Vuex 模組程式。建立完成後，src 資料夾檔案結構更新如右圖所示。

圖 8-7　Vuex 模組資料夾

Vuex 定義模組語法如下：

JS JavaScript

```javascript
const vuexModule = {
    // 須開啟 namespace
    namespaced: true,
    // 狀態資訊
    state: {},
    // 自定義組合參數
    getters: {},
    // 更新器
    mutations: {},
    // 異步處理動作
    actions: {},
};

export default vuexModule;
```

定義 Vuex 模組時，僅需要建立物件，物件中具有以下物件屬性：

- namespaced：定義 Vuex 模組時，須將 namespace 值設定為 true，避免定義屬性相衝覆蓋
- state：定義 Vuex 模組的 state 狀態資訊
- getters：定義 Vuex 模組的 getters 自定義組合變數
- mutations：定義 Vuex 模組的 mutations 更新器
- actions：定義 Vuex 模組的 actions 異步處理方法

Vuex 模組定義完成後，須至 Vuex 主程式中，引用定義模組，並在 storeOptions 的 modules 中註冊，程式如下：

JS JavaScript

```javascript
import { createStore } from 'vuex';
import vuexModule from './modules/vuexModule';

const storeOptions = {
  // 根層級狀態資料
  state: {},
  // 根層級自定義組合變數
  getters: {},
  // 根層級更新器
  mutations: {},
  // 根層級異步處理動作
  actions: {},
  // 模組
  modules: {
    vuexModule,
  },
}

export default createStore(storeOptions);
```

回到本章匯率換算範例，當要建立 Vuex 模組時，可將原本在根層級的 state、getters、mutations 及 actions 等 4 部份程式內容移至 rate_exchange 資料夾下，並依據 Vuex 狀態機定義項目拆分為獨立的 JavaScript 檔案。由於 state.js、getters.js、mutations.js 及 actions.js 內容與「Vuex 程式拆分」小節相同，讀者可參考前面的部份。

完成 Vuex 匯率換算模組的基礎程式拆分內容後，須在 rate_exchange 資料夾下建立 index.js 檔案，整合模組設置內容，程式碼如下：

JS JavaScript vue3/ch08/8-5/src/store/modules/rate_exchange/index.js

```javascript
import state from './state.js';
import getters from './getters.js';
import mutations from './mutations.js';
import actions from './actions.js';

const rateExchangeModule = {
    // 須開啟 namespace
    namespaced: true,
    // 模組狀態資料
    state,
    // 模組自定義組合變數
    getters,
    // 模組更新器
    mutations,
    // 模組異步處理動作
    actions,
};

export default rateExchangeModule;
```

整合設置檔案中，引用依定義項目拆分的 state.js、getters.js、mutations.js 及 actions.js，將之合併至名為 rateExchangeModule 的物件。接著，在物件中須加入 namespace 物件屬性，並給予屬性值 true。

Vuex 匯率換算模組定義完成後，須至 Vuex 主程式裡引用 rate_exchange 模組，並在 storeOptions 的物件屬性 modules 註冊，程式如下：

JS JavaScript vue3/ch08/8-5-vuex-modules/src/store/index.js

```javascript
import { createStore } from 'vuex';
import rate_exchange from './modules/rate_exchange';

const storeOptions = {
  // 根層級狀態資料
  state: {},
  // 根層級自定義組合變數
  getters: {},
  // 根層級更新器
  mutations: {},
  // 根層級異步處理動作
  actions: {},
  // 模組
  modules: {
    rate_exchange
  },
}

export default createStore(storeOptions);
```

至此，已完成了 Vuex 匯率換算模組定義與註冊，檔案結構如下圖所示。

圖 8-8　Vuex 模組完成檔案結構

🔍 元件中使用 Vuex 模組 – state

　　Vuex 模組定義後，在元件中以全域的狀態機實體取得 Vuex 模組狀態資訊的語法如下：

 Vue SFC

```
$store.state.[Vuex 模組名稱].[狀態資料屬性名稱]
```

　　取得 Vuex 模組狀態資訊時，與取得根層級狀態資訊的差異在於，需要帶入 Vuex 模組名稱後，其餘操作與取得根層級狀態資訊相同。例如：要取得 rate_exchange 模組的 ntd 屬性時，語法如下：

V Vue SFC

```
this.$store.state.rate_exchange.ntd;
```

　　使用 Vuex 提供的 mapState()輔助方法取得 Vuex 模組狀態資訊的語法如下：

V Vue SFC

```
import { mapState } from 'vuex';

// ---- (略) ----
    computed: {
        ...mapState({
            [自定義組合參數名稱]: state => state.[Vuex 模組名稱].[狀態資
料屬性名稱],
        }),
    },
// ---- (略) ----
```

　　使用 mapState()輔助方法時，state 方法同樣地也需要先帶入 Vuex 模組名稱後，後面再帶入狀態資料屬性名稱。因此，在匯率換算範例的狀態資訊改由 Vuex 模組 rate_exchange 取得時，程式改寫如下：

V Vue SFC vue3/ch08/8-5-vuex-modules/src/App.vue

```
// ---- (略) ----

import { mapState } from 'vuex';

// ---- (略) ----
    computed: {
        ...mapState({
            usdRate: state => state.rate_exchange.usdRate,
            jpnRate: state => state.rate_exchange.jpnRate,
        }),
        // ---- (略) ----
```

```
        },
// ---- (略) ----
```

元件中使用 Vuex 模組 – getters

Vuex 模組定義後，在元件中以全域的狀態機實體取得 Vuex 模組狀態資訊的語法如下：

 Vue SFC

```
$store.getters.[ 'Vuex 模組名稱/自定義組合變數名稱' ]
```

取得全域的狀態機實體後，由於 getters 裡的自定義組合變數將儲存至同一個層級，因此，需要以物件的索引值取得。索引值的資料型態為字串，以「Vuex 模組名稱」為前綴，後面帶入 Vuex 模組裡「自定義組合變數名稱」，中間的部份以「/」符號間隔。例如：要取得 rate_exchange 模組的自定義組合參數 usd 時，語法如下：

Vue SFC

```
$store.getters.[ 'rate_exchange/usd' ]
```

使用 Vuex 提供的 mapGetters() 輔助方法取得 Vuex 模組狀態資訊的語法如下：

Vue SFC

```
import { mapGetters } from 'vuex';

// ---- (略) ----
    computed: {
        // 陣列形式
        ...mapGetters([Vuex 模組名稱], [
            '[自定義組合變數名稱]'
        ]),
```

```
            // 物件形式
            ...mapGetters({
                [computed 自定義組合變數名稱]: '[Vuex 模組名稱]/[自定義組合
                    變數名稱]',
            }),
            // ---- (略) ----
    },
// ---- (略) ----
```

　　使用 mapGetters() 輔助方法時，帶入的參數可分為陣列形式與物件形式，說明如下：

◉ 陣列形式

　　使用陣列形式帶入時，mapGetters() 輔助方法僅可以取得單一 Vuex 模組的自定義組合變數。使用陣列形式須帶入 2 個參數，第 1 個參數為「Vuex 模組名稱」，第二個參數資料型態為陣列，陣列中的每個項目必須為指定 Vuex 模組裡的「自定義組合變數名稱」字串。在匯率換算範例的自定義組合變數改由 Vuex 模組 rate_exchange 取得時，使用陣列形式的程式改寫如下：

▼ Vue SFC vue3/ch08/8-5-vuex-modules/src/App.vue

```
// ---- (略) ----

import { mapGetters } from 'vuex';

// ---- (略) ----
    computed: {
        ...mapGetters('rate_exchange', [
            'usd', 'jpn',
        ]),
        // ---- (略) ----
    },
// ---- (略) ----
```

◉ 物件形式

使用物件形式帶入時，mapGetters()輔助方法可以取得多重 Vuex 模組的自定義組合變數。使用物件形式僅需帶入 1 個物件參數，物件中的屬性值為「computed 自定義組合變數名稱」字串，屬性值的部份為「Vuex 模組名稱」與「Vuex 模組自定義組合變數名稱」組合且以「/」符號分隔的字串。在匯率換算範例的自定義組合變數改由 Vuex 模組 rate_exchange 取得時，使用物件形式的程式改寫如下：

V Vue SFC

```
// ---- (略) ----

import { mapState } from 'vuex';

// ---- (略) ----
    computed: {
        ...mapState({
            usdRate: state => state.currency.usdRate,
            jpnRate: state => state.currency.jpnRate,
        }),
        // ---- (略) ----
    },
// ---- (略) ----
```

元件中使用 Vuex 模組 – mutations

Vuex 模組定義後，取得全域的狀態機實體後，Vuex 模組的 mutations 更新器須使用 commit()方法呼叫，使用語法如下：

V Vue SFC

```
$store.commit([Vuex 模組更新器索引], [更新器 payload])
```

commit()方法有以下 2 個參數：

◉ Vuex 模組更新器索引

　　索引值的資料型態為字串，以「Vuex 模組名稱」為前綴，後面帶入 Vuex 模組裡「更新器名稱」，中間的部份以「/」符號間隔。例如：要呼叫 rate_exchange 模組的 updateNtd 更新器，索引值如下：

▼ Vue SFC

```
'rate_exchange/updateNtd'
```

◉ 更新器 payload

　　依據更新器定義的 payload，將帶入 commit()方法第 2 個參數中，若更新器不須帶入參敗，第 2 個參數可省略。例如：呼叫 rate_exchange 模組的 updateNtd 更新器定義了 payload 須帶入 state 的 npd 更新數值，當想將 state 的 ntd 數值更新為 300 時，可使用 commit()方法呼叫 updateNtd 更新器時，可在第 2 個參數帶入 300 讓更新器更新 state 的 ntd 數值，程式如下：

▼ Vue SFC

```
$store.commit('rate_exchange/updateNtd', 300);
```

　　除了使用全域狀態機的 commit()方法外，也可使用 Vuex 提供的 mapMutations()輔助方法，將 Vuex 模組的 mutations 更新器併至元件的 methods 方法使用，其語法如下：

▼ Vue SFC

```
import { mapMutations } from 'vuex';

// ---- (略) ----
    methods: {
        // 陣列形式
```

```
            ...mapMutations([Vuex 模組名稱], [
                '[更新器名稱]'
            ]),
            // 物件形式
            ...mapMutations({
                [methods 方法名稱]: '[Vuex 模組名稱]/[更新器名稱]',
            }),
            // ---- (略) ----
    },
// ---- (略) ----
```

使用 mapMutations() 輔助方法時，參數可分為陣列形式與物件形式，說明如下：

◉ 陣列形式

使用陣列形式帶入時，mapMutations() 輔助方法僅可以取得單一 Vuex 模組的 mutations 更新器。使用陣列形式須帶入 2 個參數，第 1 個參數為「Vuex 模組名稱」，第二個參數資料型態為陣列，陣列中的每個項目必須為指定 Vuex 模組裡的「更新器名稱」字串。在匯率換算範例的更新器改為合併 Vuex 模組 rate_exchange 取得使用時，使用陣列形式的程式改寫如下：

▼ Vue SFC　vue3/ch08/8-5-vuex-modules/src/App.vue

```
// ---- (略) ----

import { mapMutations } from 'vuex';

// ---- (略) ----
    methods: {
        ...mapMutations('rate_exchange', [
            'updateNtd'
        ]),
        // ---- (略) ----
    },
```

```
    watch: {
        currentNtd: function(newValue) {
            this.updateNtd(newValue);
        }
    },
// ---- (略) ----
```

◉ 物件形式

使用物件形式帶入時，mapMutations()輔助方法可以取得多重 Vuex
模組的 mutations 更新器。使用物件形式僅需帶入 1 個物件參數，
物件中的屬性值為「mutations 更新器名稱」字串，屬性值為前面
使用全域狀態機 commit()方法介紹的「Vuex 模組更新器索引」。
在 匯 率 換 算 範 例 的 mutations 更 新 器 改 為 合 併 Vuex 模 組
rate_exchange 使用時，使用物件形式的程式改寫如下：

Vue SFC

```
// ---- (略) ----

import { mapMutations } from 'vuex';

// ---- (略) ----
    methods: {
        ...mapMutations({
            'rate_exchange/updateNtd'
        }),
        // ---- (略) ----
    },
    watch: {
        currentNtd: function(newValue) {
            this.updateNtd(newValue);
        }
    },
// ---- (略) ----
```

元件中使用 Vuex 模組 – actions

Vuex 模組定義後，取得全域的狀態機實體後，Vuex 模組的 actions
異步處理方法須使用 dispatch()方法呼叫，使用語法如下：

```
$store.dispatch([Vuex 模組異步處理方法索引], [更新器 payload])
```

dispatch()方法有以下 2 個參數：

◉ Vuex 模組異步處理方法索引

索引值的資料型態為字串，以「Vuex 模組名稱」為前綴，後面帶入
Vuex 模組裡「異步處理方法名稱」，中間的部份以「/」符號間隔。
例如：要呼叫 rate_exchange 模組的 updateCurrencyExchangeRates
異步處理方法，索引值如下：

```
'rate_exchange/updateCurrencyExchangeRates'
```

◉ 更新器 payload

dispatch()第 2 個參數將傳送至呼叫異步處理方法裡，若異步處理方
法不須帶入參數，則 diapatch()方法的第 2 個參數可省略。例如：呼
叫 rate_exchange 模組的 updateCurrencyExchangeRates 異步處理方法
未定義 payload，使用 dispatch()方法呼叫執行程式如下：

```
$store.dispatch('rate_exchange/updateCurrencyExchangeRates');
```

除了使用全域狀態機的 dispatch()方法外，也可使用 Vuex 提供的 mapActions()輔助方法，將 Vuex 模組的 actions 異步處理方法併至元件的 methods 方法使用，其語法如下：

V Vue SFC

```
import { mapActions } from 'vuex';

// ---- (略) ----
    methods: {
        // 陣列形式
        ...mapActions([Vuex 模組名稱], [
            '[異步處理方法名稱]'
        ]),
        // 物件形式
        ...mapActions({
            [methods 方法名稱]: '[Vuex 模組名稱]/[異步處理方法名稱]',
        }),
        // ---- (略) ----
    },
// ---- (略) ----
```

使用 mapActions()輔助方法時，參數可分為陣列形式與物件形式，說明如下：

◉ 陣列形式

　使用陣列形式帶入時，mapActions()輔助方法僅可以取得單一 Vuex 模組的 mutations 更新器。使用陣列形式須帶入 2 個參數，第 1 個參數為「Vuex 模組名稱」，第二個參數資料型態為陣列，陣列中的每個項目必須為指定 Vuex 模組裡的「異步處理方法名稱」字串。在匯率換算範例的異步處理方法改為合併 Vuex 模組 rate_exchange 取得使用時，使用陣列形式的程式改寫如下：

```
// ---- (略) ----

import { mapActions } from 'vuex';

// ---- (略) ----
    methods: {
        // ---- (略) ----
        ...mapActions('currency', [
            'updateCurrencyExchangeRates'
        ]),
    },
    // ---- (略) ----
    mounted() {
        this.updateCurrencyExchangeRates();
    },
// ---- (略) ----
```

⊙ 物件形式

使用物件形式帶入時，mapActions()輔助方法可以取得多重 Vuex 模組的 actions 異步處理方法。使用物件形式僅需帶入 1 個物件參數，物件中的屬性值為「actions 異步處理方法名稱」字串，屬性值為前面使用全域狀態機 dispatch()方法介紹的「Vuex 模組異步處理方法索引」。在匯率換算範例的 actions 異步處理方法改為合併 Vuex 模組 rate_exchange 使用時，使用物件形式的程式改寫如下：

Vue SFC

```
// ---- (略) ----

import { mapActions } from 'vuex';

// ---- (略) ----
    methods: {
```

08
CH

Vuex 狀態管理

```
        // ---- (略) ----
        ...mapActions({
            'rate_exchange/updateCurrencyExchangeRates'
        }),
    },
    // ---- (略) ----
    mounted() {
        this.updateCurrencyExchangeRates();
    },
// ---- (略) ----
```

Vue Router 路由管理

9-1 VueRouter 簡介

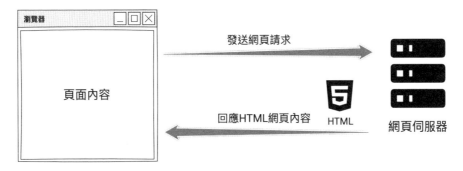

圖 9-1　傳統轉頁概念圖

　　傳統 Web 應用程式網站，當使用者操作頁面需要換頁時，瀏覽器會向網頁伺服器發送請求，網頁伺服器會依據接收到的請求回應或轉導至相關的頁面。然而，這樣的換頁方式，每次換頁均要更新整個頁面內容，不僅使網頁傳輸內容增多，也容易使介面操作流暢度降低。因此，透過 Vue.js SPA 架構，將前端頁面與後端資料處理分離，頁面更新及轉換由 Vue.js 處理即可。

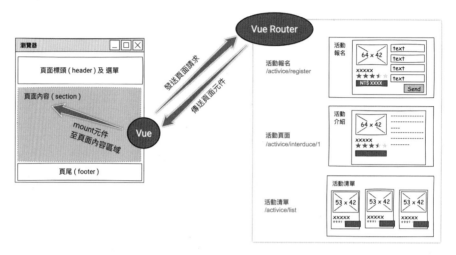

圖 9-2　Vue.js SPA 架構轉頁概念圖

　　Vue.js 主要專注在單一頁面或元件的資料管理及頁面渲染，轉換頁面的功能需要搭配 vue-router 套件。如上圖所示，Vue Router 中具有頁面連結與頁面元件的對應表，當頁面需要換頁時，換頁的請求不會發向網頁伺服器，而是由 Vue.js 程式內部，向 Vue Router 發送請求。Vue Router 接收到換頁請求時，將比對頁面的連結，將對應的頁面元件發送給 Vue。Vue 將收到的頁面元件 mount 至頁面中定義渲染路由內容區域。

🔍 Vue Router 安裝與基礎結構

　　Vue Router 套件為 Vue.js 官方提供的套件，依官網文件說明，Vue.js 2.x 的使用者安裝 vue-router 時須鎖定在版本 3；Vue.js 3.x 的使用者可直接安裝最新版的 vue-router，目前最新版為 4.1.5。

SHELL

Vue.js 2.x	Vue.js 3.x
# 建立預設vue2 專案 *# 須選擇「Default ([Vue 2] babel,* *eslint)」* vue create 9-1-route-basic *# 安裝vuex 套件* yarn add vue-router@^3.0	*# 建立預設vue3 專案* *# 須選擇「Default ([Vue 3] babel,* *eslint)」* vue create 9-1-route-basic *# 安裝vuex 套件* yarn add vue-router

　　安裝完 Vue Router 套件後，在專案根目錄裡的 src 目錄下建立 router 及 pages 目錄。router 目錄放置與 Vue Router 相關的程式碼；pages 目錄作為後續頁面元件放置的地方。

圖 9-3　Vue Router 範例檔案結構

　　建立 Vue Router 實體時，由於 Vue.js 2.x 與 3.x 版使用的 vue-router 套件的版本不同，故建立的方式也有些差異。Vue.js 2.x 搭配使用 vue-router 版本 3，建立 Vue Router 實體程式如下：

JS JavaScript vue2/ch09/9-1-route-basic/src/router/index.js

```javascript
import Vue from 'vue';
import VueRouter from 'vue-router';

Vue.use(VueRouter);

const router = new VueRouter({
    mode: 'history',
    base: '',
    routes: [
        // 定義路由
    ],
})

export default router;
```

　　vue-router 版本 3 實體建立時，須在套件引用後，以 new 的方式建立 Vue Router，建立時，可設置的 option 參數如下：

◎ mode：定義路由模式，可設置 hash 或 history 模式，各個模式下 URL 格式與範例如下表所示。使用瀏覽器時預設為 hash 模式。 hash 模式產生 URL 時，會在路由定義的路徑前加入「/#/」hash 值；history 模式使用 HTML5 History API 搭配 Web Service 的設定後，連結的 URL 可省略 hash「/#/」值。

表 9-1　路由模式

路由模式	URL 格式	範例
hash	https://[網域]/#/[路由路徑]	https:/localhost/#/testpage
history	https://[網域]/[路由路徑]	https:/localhost/testpage

- base：可設置路由路徑的前綴，例如：base 設為「/app」時，路徑定義為「/home」的路由，其 URL 為「/app/home」。

- routes：定義路由的清單，可以拆為 routes.js 檔，以 import 的方式載入合併，本章後續內容將介紹路由定義方式。

Vue.js 3.x 搭配使用 vue-router 版本 4，建立 Vue Router 實體程式如下：

JS JavaScript   vue3/ch09/9-1-route-basic/src/router/index.js

```javascript
import { createRouter, createWebHistory } from 'vue-router';

const router = new createRouter({
    history: createWebHistory(),
    routes: [
        // 定義路由
    ],
})

export default router;
```

vue-router 版本 4 實體建立時，須使用 vue-router 的 createRouter 方法建立。建立時，可設置的 option 參數如下：

- history：vue-router 在版本 4 中，將 v3 版本的 mode 及 base 設置整合至 history 設定。版本 3 設置 mode 時的 hash 及 history 路由模式，須對應使用 createWebHashHistory()及 createWebHistory()方法。版本 3 設置 base 時，須將其值作為參數帶入 createWebHashHistory()或 createWebHistory()方法。

表 9-2　vue-router v4 對應方法對照表

路由模式	hash	history
對應 v4 的 history 方法	createWebHashHistory()	createWebHistory()
URL 格式	https://[網域]/#/[路由路徑]	https://[網域]/[路由路徑]
範例	https:/localhost/#/testpage	https:/localhost/testpage

◉ routes：定義路由的清單，可以拆為 routes.js 檔，以 import 的方式載入合併，本章後續內容將介紹路由定義方式。

Vue Router 實體註冊至 Vue.js 程式如下：

JS JavaScript

Vue.js 2.x	Vue.js 3.x
```import Vue from 'vue';```	```import { createApp } from 'vue';```

```
import Vue from 'vue';              import { createApp } from 'vue';
import App from './App.vue';        import App from './App.vue';
import router from './router';      import router from './router';

Vue.config.productionTip = false;  createApp(App)
                                   .use(router)
new Vue({                          .mount('#app');
  render: h => h(App),
  router
}).$mount('#app');
```

建立 Vue Router 實體的 JavaScript 檔案完成後，可在 Vue.js 主程式中以 import 方式引用，在 Vue.js 版本 2.x 引用後須直接帶入 Vue.js 實體的 option 中，Vue.js 版本 3.x 須使用 use 方法將 Vue Router 實體註冊至 Vue 實體裡。

🔍 Web Service 設定

Vue.js SPA 架構下，會將所有的頁面以 Vue.js 搭配 Vue Router 套件，將所有的頁面整合至 1 個 HTML 網頁中，該網頁裡將載入由 Vue.js SPA 打包的 JavaScript 程式。由於所有頁面整合至統一的 HTML 網頁中，每個路由定義的路徑都須經過同一頁面的 JavaScript 程式解析該路徑執行頁面的渲染。

HTML 網頁裡的 JavaScript 程式須在客戶端使用的瀏覽器執行，網頁伺服器無法替瀏覽器解析 Vue.js SPA 專案裡所定義的路由，因此，需要在網頁伺服器設定，讓專案中已定義的路由路徑可以直接回應 Vue.js SPA 的主要 HTML 網頁檔，進而讓客戶端的瀏覽器可以進入 Vue.js SPA 頁面，讓該頁面中的 JavaScript 程式解析網址及渲染對應頁面。以下將介紹目前常見的網頁伺服器設置：

◉ Apache

網頁伺服器選擇使用 Apache 時，須開啟 mod_rewrite 模組，並在網站根目錄下新增「.htaccess」檔案，該檔案的設置內容如下：

🌐 web設定檔　　.htaccess

```
<IfModule mod_negotiation.c>
  Options -MultiViews
</IfModule>

<IfModule mod_rewrite.c>
  RewriteEngine On
  RewriteBase /
  RewriteRule ^index\.html$ - [L]
  RewriteCond %{REQUEST_FILENAME} !-f
  RewriteCond %{REQUEST_FILENAME} !-d
  RewriteRule . /index.html [L]
</IfModule>
```

◉ Nginx

網頁伺服器選擇使用 Nginx 時，須在網站 vhost 的設定中加入以下內容：

web設定檔 vhost.conf

```
location / {
  try_files $uri $uri/ /index.html;
}
```

◉ IIS

網頁伺服器選擇使用 Windows Server 的 IIS 時，須先安裝 UrlRewrite 套件後，在網站根目錄建立「web.config」檔案，檔案內容如下：

web設定檔 web.config

```
<?xml version="1.0" encoding="UTF-8"?>
<configuration>
  <system.webServer>
    <rewrite>
      <rules>  <rule
          name="Handle History Mode and custom 404/500"
          stopProcessing="true"
     >    <match url="(.*)" />
          <conditions logicalGrouping="MatchAll">
            <add
              input="{REQUEST_FILENAME}"
              matchType="IsFile"
              negate="true"
           />      <add
              input="{REQUEST_FILENAME}"
              matchType="IsDirectory"
              negate="true"
           />
          </conditions>
```

```
            <action type="Rewrite" url="/" />
        </rule>
      </rules>
    </rewrite>
  </system.webServer>
</configuration>
```

9-2 路由定義與頁面渲染、轉頁

傳統的 Web 網站專案開發，各個頁面可拆分為獨立的 HTML 檔案，每個頁面 HTML 檔案名稱可直接作為連結的路徑。有別於傳統的 Web 網站專案，Vue.js SPA 架構下的專案，將專案裡的各頁頁面可拆解為頁面元件，透過 Vue Router 套件功能管理路由，每一條路由將定義頁面的 URL 路徑及對應的頁面元件。

本章將以簡易的活動網站作為範例，來學習 VueRouter 的使用方法。為了模擬實際開發的情境，將搭配使用 Mock.js 套件建立 Mock API，模擬各個頁面使用 axios 串接。本節將用到的 Mock API 清單如下：

表 9-3　範例 9-2 Mock API 清單

HTTP 方法	URL	說明
GET	/activity/list	取得活動清單

此外，為了簡化程式內容，本章採用單欄式頁面格局，並依據單柵式頁面格局預先建立 layout-header.vue、layout-content.vue 及 layout-footer.vue 等 3 個共用元件。

🔍 路由定義

前一節介紹 Vue Router 實體建立時可設置的 option 參數，其中 routes 作為路由清單內容，參數內容為陣列資料，可拆解為 routes.js 讓主程式引用，routes.js 路由清單的基本內容格式如下：

JS JavaScript

```javascript
export default [
    // 路由 1
    {
        // 路由 1 定義內容
    },
    // 路由 2
    {
        // 路由 2 定義內容
    },
];
```

路由拆解後引用的程式範例如下：

JS JavaScript vue3/ch09/9-1-route-basic/src/router/index.js

```javascript
import { createRouter, createWebHistory } from 'vue-router';
import routes from './routes.js';

const router = new createRouter({
    history: createWebHistory(process.env.BASE_URL),
    routes: routes,
})

export default router;
```

路由定義的 options 裡可設置的項目如下：

- name：定義路由的名稱

- path：定義路由的 URL 路徑

- component：定義路由的對應元件

- redirect：定義轉導 URL 路徑

- meta：定義路由中介資訊，可定義路由進階應用時使用的客製化
  參數。

定義路由必須在 options 的 path 設定 URL 路徑，其次依下列使用情境可搭配其他 options 的設置項目：

◉ 一般路由

定義一般路由時，將以 URL 路徑對應頁面元件的形式，故須設置 options 的 path 及 component 項目。設置時，可以多設置 options 的 name 定義路由名稱。假設，要建立一條首頁的路由時，程式撰寫如下：

JS JavaScript

```javascript
import Home from './pages/home.vue';

export default [
    { name: 'home', path: '/home', component: Home },
];
```

◉ URL 重新導向

Vue Router 允許定義 URL 重新導向路由，這種路由將 2 個 URL 路徑作對應，須設置 Options 的 path 及 redirect 項目。path 設置路由的 URL 連結，redirect 設置重新導向的目標路由。假設要建立 /redirect/home1 重新導向至 URL 路徑為/home，程式碼撰寫如下：

JS JavaScript

```javascript
export default [
    {
        name: 'redirect_home_by_url',
        path: '/redirect/home',
        redirect: '/home'
    },
];
```

上述程式，redirect 設置時也可以使用路由名稱，若改為重新導向至路由名稱為「home」的路由時，程式碼撰寫如下：

JS JavaScript

```javascript
export default [
    {
        name: 'redirect_home_by_name',
        path: '/redirect/home',
        redirect: {
            name: 'home'
        }
    },
];
```

◉ 路由中介資訊

Vue Router 的路由可設置中介資訊，路由有了中介資訊，可在 Vue Router 的進階方法中，作統一性的額外處理。例如：想為路由作驗證機制時，可在 meta 中加入 isNeedAuth 屬性給 Vue Router 的進階方法使用，其路由的程式碼撰寫如下：

JS JavaScript

```javascript
import Home from './pages/home.vue';

export default [
    {
        name: 'home',
        path: '/home',
        component: Home,
        meta: {
            isNeedAuth: true
        },
    },
];
```

學習了路由的定義方法後，依據本章活動網站範例需求，先來建構首頁及活動清單頁面的元件。各頁面元件程式碼如下：

◉ 首頁

首頁內容為歡迎頁面，程式碼如下：

V Vue SFC   vue3/ch09/9-2-route-definition/src/pages/home.vue

```
<template>
    <layout-content>
        <span>Welcome Home Page</span>
    </layout-content>
</template>

<script type="text/javascript">
import LayoutContent from
'../components/layouts/layout-content.vue';

export default {
    name: 'PageHome',
    data: function() {
        return {};
    },
    components: {
        LayoutContent,
    },
}
</script>
// ---- ( style 略) ----
```

◉ 活動清單頁面

活動清單頁面須串接活動清單 API。串接 API 時，須在頁面元件載入後，隨即發送 API 請求取得活動清單資訊。接著，將取得的清單資料更新至頁面元件 data 的 activities 屬性並綁定至樣板中，讓 Vue.js 渲染活動清單。程式碼撰寫如下：

Vue SFC vue3/ch09/9-2-route-definition/src/pages/home.vue

```html
<template>
    <layout-content>
        <ul>
            <li class="title">活動清單</li>
            <li
                class="activity-item"
                v-for="(item, index) in activities"
                :key="index"
            >
                {{ item.name }}
            </li>
        </ul>
    </layout-content>
</template>

<script type="text/javascript">
import LayoutContent from '../components/layouts/layout-content.vue';
import axios from 'axios';

export default {
    name: 'PageActivityList',
    data: () => ({
        activities: [],
    }),
    async mounted() {
        const response = await axios.get('/api/activity/list');
        console.log(response)
        this.activities = response.data.data;
    },
    components: {
        LayoutContent,
    },
}
```

```
</script>
// ---- (style 略) ----
```

有了頁面元件後，接著為首頁及活動清單頁面定義路由，程式碼撰寫如下：

JS JavaScript　　vue3/ch09/9-2-route-definition/src/router/routes.js

```javascript
import Home from '../pages/home.vue'
import ActivityList from '../pages/activity-list.vue'

const routes = [
    { path: '/', component: Home },
    { path: '/activity/list', component: ActivityList },
];

export default routes;
```

路由頁面的渲染及超連結

使用 Vue Router 套件時，Vue Router 提供了以下 2 個元件給我們使用：

◉ <router-view>標籤

Vue.js 在渲染頁面內容時，需要在 HTML 樣板中定義渲染的區域。同樣地，路由定義完成後，當使用者進入已定義路由的 URL 路徑時，也需定義對應頁面元件的渲染區域。

Vue Router 的渲染區域將定義在 Vue.js 元件的樣板中，以 <router-view>標籤放置的位置為路由頁面內容渲染的區域，其使用範例如下：

Vue SFC

```
<template>
    <div id="app">
        <router-view></router-view>
    </div>
</template>
```

◎ <router-link>標籤

Vue.js 元件的樣板中設置 Vue Router 的路由超連結時，無法直接使用<a>標籤，須使用<router-link>標籤替我們建立超連結。<router-link>標籤的使用語法如下：

Vue SFC

```
<router-link to="[路由表示式]"></router-link>
```

<router-link>標籤裡使用 to 屬性須帶入路由表示式，官方網站裡稱之為 RouteLocationRaw。路由表示式的資料型態可分為文字與物件，其可輸入值的整理如路由表示式使用彙整表。

表 9-4　路由表示式使用彙整表

資料型態	說明	範例
文字	目標 URL	`/activity/list` （目標 URL：/activity/list）
物件	使用路由名稱	`{ name: 'activity_list' }` （目標 URL：/activity/list）
物件	使用路由 URL 路徑	`{ path: '/activity/list' }` （目標 URL：/activity/list）
物件	路由 URL 帶入 路由參數	`{ path: '/activity/info', params: { id: 1 } }` （目標 URL：/activity/info/1）
物件	路由 URL 帶入 GET 參數	`{ path: '/activity/list', query: { page: 2 } }` （目標 URL：/activity/list?page=2）

依據路由表示式使用彙整表所列範例，當目標路由為字串時，代表
直接對應路由的 URL 路徑，例如要連結至首頁時，程式碼如下：

```
<router-link to="/home"></router-link>
```

當目標路由為物件時，連結首頁可搭配物件的 path 屬性，改寫程
式如下：

```
<router-link to="{ path: '/home' }"></router-link>
```

學習了路由的定義方法後，依據本章活動網站範例需求，可在
Vue.js 主頁面程式加入路由渲染的區域，並新增首頁及活動清單超連
結，其程式撰寫如下：

Vue SFC vue3/ch09/9-2-route-definition/src/App.vue

```html
<template>
    <div id="app">
        <layout-header>
            <router-link to="/" class="page-link">
                Home
            </router-link>
            <router-link to="/activity/list" class="page-link">
                活動清單
            </router-link>
        </layout-header>

        <router-view></router-view>

        <layout-footer>
            Copyright &copy; Test Inc.
        </layout-footer>
```

```
        </div>
</template>

<script>
import layoutHeader from './components/layouts/layout-header.vue';
import layoutFooter from './components/layouts/layout-footer.vue';

export default {
    name: 'App',
    components: {
        layoutHeader, layoutFooter,
    }
}
</script>
// ---- ( style 略) ----
```

程式完成後，可在專案根目錄執行「yarn serve」指令直進入 Hot-reload 開發模式，開啟網頁輸入「http://localhost:8080」，可看見 首頁畫面如下：

圖 9-4　範例 9-2 首頁

點了「活動清單」連結後，顯示畫面如下：

圖 9-5　範例 9-2 活動清單

頁面的轉換除了使用<router-link>建立超連結外，還可以透過 Vue Router 的全域變數 $router 提供的方法將「路由表示式」作為參數帶入其中，執行後的效果如同點擊<router-link>標籤建立的超連結，轉換至新的頁面。全域變數 $router 提供方法整理如下：

表 9-5　全域變數 $router 頁面轉換方法

方法	說明	範例
$router.push()	參數為「參數為路由表示式」，依據帶入的目標路由轉換至新的頁面，並會留下歷史記錄。	$router.push('/home')
$router.replace()	參數為「參數為路由表示式」，依據帶入的目標路由轉換至新的頁面，不會留下歷史記錄。	$router.replace('/home')
$router.go()	參數為「數字」，依據帶入的值操作歷史記錄，例：1 代表往前 1 頁，-1 代表往前 1 頁	$router.go(-2)

依據全域變數提供的方法，前面 Vue.js 主程式的首頁及活動清單
連結程式可改寫如下：

Vue SFC　vue3/ch09/9-2-route-definition/src/App.vue

```
<template>
    <div id="app">
        <layout-header>
            <div class="page-link" @click="goHomePage()">
                Home
            </router-link>
            <div class="page-link" @click="goActivityListPage()">
                活動清單
            </router-link>
        </layout-header>

        <router-view></router-view>

        <layout-footer>
            Copyright &copy; Test Inc.
        </layout-footer>
    </div>
</template>

<script>
import layoutHeader from './components/layouts/layout-header.vue';
import layoutFooter from './components/layouts/layout-footer.vue';

export default {
    name: 'App',
    methods: {
        goHomePage() {
            this.$router.push('/home');
        },
        goHomePage() {
            this.$router.push('/activity/list');
        },
```

```
    },
    components: {
        layoutHeader, layoutFooter,
    }
}
</script>
// ---- ( style 略) ----
```

9-3 路由參數傳遞

　　當 Web 應用程式裡的頁面資料為動態程現時，若要將每一個動態
網頁有一個獨立的 URL 路徑，路由的 URL 路徑上必須有個獨立且無法
重覆的辨識資訊，藉由這個辨識資訊，告知頁面當取得的資訊。以本章
活動網站為例，串接活動清單 Mock API 時，API 提供的活動資訊中的
id 值可作為活動的辨識資訊。因此，可將活動的 id 值放在路由的 URL
路徑上，讓元件可以取得活 id 作進一步的處理。本節將用到的 Mock API
清單如下：

表 9-6　範例 9-3 Mock API 清單

HTTP 方法	URL	說明
GET	/activity/list	取得活動清單
GET	/activity/{id}	取得活動詳細資訊

　　Vue Router 要取得 URL 的變數具有 2 種方式：

◉ 路由變數

　　定義路由設置 Options 時，可在 path 以「:」加「變數名稱」帶入
路由 URL 值。以取得活動詳細資訊為例，可設置路由如下：

JS JavaScript

```javascript
import ActivityInfo from './pages/activity-info.vue';
export default [
    {
        name: 'activity_info',
        path: '/activity/info/:id',
        component: ActivityInfo
    },
];
```

路由的 path 定義了變數後，若要在元件中取得 URL 時，可利用 $route 全域變數，取得路由變數的語法如下：

V Vue SFC

```
this.$route.params.[變數名稱]
```

 HTTP Get URL 參數

HTTP Get URL 參數，必須在 URL 尾端帶上「?」，其後可帶入參數及參數值值，每組參數間須使用「&」符號間隔，其格式如下：

```
[URL Path]?param1=value1&param2=value2
```

若要在元件中取得 HTTP Get URL 參數值時，可利用 $route 全域變數，取得路由變數的語法如下：

V Vue SFC

```
this.$route.query.[變數名稱]
```

學習了參數的設置與取得語法格式後，回到範例活動網站，本節將以前一節撰寫基礎，加入活動詳細頁面。首先，須更新路由的設置，加入活動詳細頁面路由，程式碼如下：

```javascript
import Home from '../pages/home.vue'
import ActivityList from '../pages/activity-list.vue'
import ActivityInfo from '../pages/activity-info.vue'

const routes = [
    { path: '/', component: Home },
    { path: '/activity/list', component: ActivityList },
    { path: '/activity/info/:id', component: ActivityInfo },
];

export default routes;
```

　　接著，將活動清單頁面元件裡的活動列表處，使用<route-link>標籤，將每個活動項目都有各自的超連結，每個活動的 URL 以變數加入 id 資訊，程式碼修改如下：

V Vue SFC　vue3/ch09/9-3-route-params/src/pages/activity-list.vue

```html
<template>
    <layout-content>
        <ul>
            <li class="title">活動清單</li>
            <router-link
                v-for="(item, index) in activities"
                :key="index"
                :to="`/activity/info/${item.id}`"
            >
                <li class="activity-item">{{ item.name }}</li>
            </router-link>
        </ul>
    </layout-content>
</template>
// ---- ( script, style 略) ----
```

建立活動各頁面的連結後，可著手撰寫活動詳細頁面，其程式碼如下：

Vue SFC vue3/ch09/9-3-route-params/src/pages/activity-list.vue

```
<template>
    <layout-content>
        <ul>
            <li class="title">活動資訊</li>
            <li class="activity-item">活動名稱：
                {{ activity.name }}</li>
            <li class="activity-item">地點：{{ activity.place }}</li>
            <li class="activity-item">描述：
                {{ activity.description }}</li>
        </ul>
    </layout-content>
</template>

<script type="text/javascript">
import LayoutContent from
'../components/layouts/layout-content.vue';
import axios from 'axios';

export default {
    name: 'PageActivityList',
    data: () => ({
        activity: {
            id: 1,
            name: "清水斷崖獨木舟日出團",
            place: "清水斷崖",
            description: ""
        },
    }),
    async mounted() {
        const id = this.$route.params.id;
        const response = await axios.get(`/api/activity/info/${id}`);
        console.log(response)
```

```
        this.activity = response.data.data;
    },
    components: {
        LayoutContent,
    },
}
</script>
// ---- ( style 略) ----
```

上述程式碼中，以「this.$route.params.id」取得路由 URL 路徑上的 id 資訊，並使用 id 資訊組合 API URL 路徑後，發送請求取得活動詳細資訊存至元件的資料模型裡，並將活動資訊綁定至樣板中，讓 Vue.js 渲染頁面。

程式完成後，可在專案根目錄執行「yarn serve」指令直進入 Hot-reload 開發模式，開啟網頁輸入「http://localhost:8080/activity/list」進入活動清單頁面，顯示畫面如下：

圖 9-6　範例 9-3 活動清單畫面

點了「南澳鹿皮溪一日溯溪體驗」連結後，顯示畫面如下：

圖 9-7　範例 9-3 活動詳細資訊頁面

9-4 路由導航與勾子方法

　　Vue Router 套件管理專案中的各個頁面，當元件中<router-link>標籤被點擊，或使用全域變數操作路由時，會觸發路由導航的流程。路由導航如同 Vue.js 生命週期，有固定的資料流程，以及勾子方法（Hook Function）。觸發路由導航後，大致可分為「離開來源頁面」、「解析路由組件」、「確認目的頁面元件」、「觸發 DOM 更新」及「進入目的頁面」等 5 個階段，在進入每個階段前均提供勾子方法，讓開發人員可客製化勾子方法中需要處理的程序，例如：進入路由頁面的權限確認動作，即可透過 Vue Router 提供的勾子方法實現。

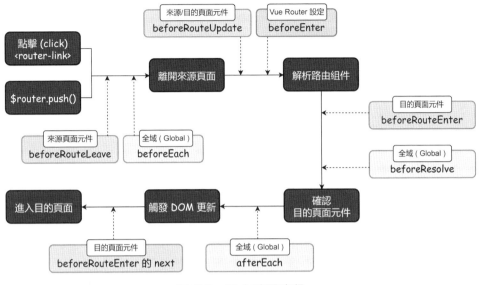

圖 9-8　路由轉頁流程

Vue Router 提供的路由導航勾子方法，具有 3 個參數，整理如下表：

表 9-7　勾子方法參數彙整表

勾子方法參數	資料型態	說明
to	Object	即將進入的目標路由資訊
from	Object	即將離開的來源路由。進入目標路由頁面後，若在瀏覽器點上一頁時，將回到的路由資訊。
next	Function	路由導航的回調函式（Callback Function）

各個勾子方法的回應可使用 return 語法回應，或使用 next 回調函式回應，回應的參數內容彙整如下表所示。

表 9-8　勾子方法回應值彙整表

勾子方法回應值	說明
false	停止導航程序
路由表示式	重新導向至新的路由
Undefine 或 true	可繼續執行導航程序

🔍 離開頁面 – beforeRouteLeave 與 beforeEach

當元件中<router-link>標籤被點擊,或使用全域變數操作路由時,路由導航流程首先會進入「離開頁面程序」,在離開頁面前,路由導航流程將依序執行以下 2 個勾子方法:

◉ beforeRouteLeave

在路由導航將離開來源頁面元件前,將確認來源頁面元件是否已定義 beforeRouteLeave 方法,若已定義時,則執行方法裡自定義的執行內容,範例程式如下:

▼ Vue SFC

```
<template>
    <div> Source Page </div>
</template>

<script>
export default {
    // 定義於「來源頁面元件」的勾子方法 (Hook Function)
    beforeRouteLeave(to, from) {
        // 自定義程式執行內容
    },
}
</script>
```

◉ beforeEach

路由導航執行 beforeRouteLeave 方法後,緊接著將確認註冊至 Vue 實體裡的 Vue Router 實體,其中是否已定義 beforeEach 方法。若已定義時,則執行此勾子方法。由於 beforeEach 勾子方法定義於全域的 Vue Router 實體的緣故,不論從哪個頁面離開前都會執行到。beforeEach 勾子方法定義語法如下:

```
const router = createRouter({ ... })

router.beforeEach((to, from) => {
    // 導航離開渲染的頁面前，呼叫的方法，但是為全域的針對每一個路由
})
```

🔍 解析路由元件– beforeRouteUpdate 與 beforeEnter

離開頁面後，Vue Router 路由導覽程序將進行路由元件的解析，在路由元件解析前，將依序執行以下二個勾子方法：

◉ beforeRouteUpdate

當路由導航的來源頁面元件及目標頁面元件相同時，若此頁面元件已定義 beforeRouteUpdate 勾子方法，則會執行。例如：有以下活動資訊頁的路由：

JS JavaScript

```
import ActivityInfo from './pages/activity-info.vue';
export default [
    {
        path: '/activity/info/:id',
        component: ActivityInfo
    },
];
```

當路由導航從 /activity/info/1 導航至 /activity/info/2 時，由於元件早已掛載好了，則會呼叫 beforeRouteUpdate 勾子方法。beforeRouteUpdate 勾子方法定義語法如下：

V Vue SFC

```
<template>
    <div> Target Page </div>
```

```
</template>

<script>
export default {
    // 定義於「目的頁面元件」的勾子方法 (Hook Function)
    beforeRouteUpdate(to, from) {
        // 自定義程式執行內容
    },
}
</script>
```

◉ beforeEnter

除了在頁面元件或 Vue Router 實體定義的勾子函式外，也有在路由上定義的勾子方法–beforeEnter。路由導航在確認及呼叫 beforeRouteUpdate 勾子方法後，便會執行路由定義的 beforeEnter 勾子方法，定義範例如下：

JS JavaScript

```
const routes = [
    {
        path: '/page/target',
        component: PageTarget,
        beforeEnter: (to, from) => {
            // reject the navigation
            return false
        },
    },
]
```

🔍 確認目的頁面 – beforeRouteEnter 與 beforeResolve

路由元件解析完成後，將進入「確認目的頁面」的程序，在進入此程序前，將依序執行以下二個勾子方法：

⊙ beforeRouteEnter

路由導航解析完異步路由元件後，得知目的頁面元件，將確認目的頁面元件是否已定義 beforeRouteEnter 勾子方法，若已定義則執行勾子方法。由於此時目的元件尚未建立元件實體，故無法使用元件內部的資料模型及定義的方法。beforeRouteEnter 勾子方法定義語法如下：

Vue SFC

```
<template>
    <div> Target Page </div>
</template>

<script>
export default {
    // 定義於「目的頁面元件」的勾子方法 (Hook Function)
    beforeRouteEnter(to, from) {
        // 自定義程式執行內容
    },
}
</script>
```

⊙ beforeResolve

路由導航執行 beforeRouteEnter 方法後，將確認與執行全域的 Vue Router 實體中是否已定義 beforeResolve 方法。beforeResolve 勾子方法定義語法如下：

JS JavaScript

```
const router = createRouter({ ... })

// 定義於 Vue Router 實體的勾子方法 (Hook Function)
router.beforeResolve((to, from) => {
    // 自定義程式執行內容
});
```

🔍 進入目的頁面 – afterEach

路由導航確認目的頁面後，在觸發 DOM 更新前將執行以下勾子方法 – afterEach()，程式語法如下：

JS JavaScript

```javascript
const router = createRouter({ ... })

router.afterEach((to, from) => {
  sendToAnalytics(to.fullPath)
})
```

上述勾子程式執行完成後，將執行目標元件的勾子方法 beforeRouteUpdate 的 next() 回調函式，程式碼如下：

V Vue SFC

```vue
<template>
    <div> Target Page </div>
</template>

<script>
export default {
    // 定義於「目的頁面元件」的勾子方法 (Hook Function)
    beforeRouteUpdate(to, from, next) {
        // 自定義程式執行內容
        next();
    },
}
</script>
```

多語系網站

10-1 多語系網站 i18n

隨著網際網路發展的迅速，許多大型應用網站為了因應不同語言、地區的使用者使用，網站中介面及內容的文字須依據當地使用者的慣用語言或語彙進行多語系網站開發。為了讓開發的軟體能夠支援不同語言、不同地域，須具備以下技術：

◉ l10n

l10n 為在地化 (localization) 的縮寫，它取出在地化原文 localization 的頭尾英文字母為頭尾，中間為 l 與 n 中間的英文字母的個數。所謂的在地化 (localization) 是針對特定地域的使用者，依據當地的語言、文化習慣為準則設計應用程式、元件及文件，使當地使用者使用時，能輕鬆地使用介面與系統互動。

◉ i18n

i18n 為國際化（Internationalization）的縮寫，與 l10n 相同的命名原則，它取出國際化原文 Internationalization 的頭尾英文字母為頭尾，中間為 i 與 n 中間的英文字母的個數。所謂的國際化是將應用程式、元件、文件等文字內容依據不同國家、地區以 l10n 的概念進行設計與開發。

開發支援多國語言的 Web 網站應用程式時，i18n 國際化為了讓應用程式支援多國語言，須將應用程式介面中的文字、內容翻譯。各國使用的語言可能不盡相同，也可能相同的語言在不同的地域會有不同的表現方式。因此，在各國語言翻譯時，須使用 l10n 的設計概念進行翻譯，如此 i18n 與 l10n 相互搭配開發出符合各地使用者需求的站台。國際化的需求，也不僅僅止於語言的翻譯，它還包含各地時區、符號文字、文字排列方向等，均是在 Web 網站應用程式進行國際化時，需要考量的內容。

單純使用 Vue.js 開發 i18n 國際化 Web 應用程式時，首先，須定義應用程式支援的語言。接著，應用程式裡，每個功能頁面須依據應用程式支援的語言客製相對應的頁面與元件。這對於專案整理開發與維護上極為不便。為了提升多語系網站程式的可維護性，可搭配 vue-i18n 套件管理專案內部各頁面及元件的語言資訊。

🔍 Vue-i18n 安裝及基礎結構

導入 VueI18n 之前，須先建立 Vue.js SPA 專案及安裝 VueI18n 套件。依 VueI18n 套件的官方網站說明文件，Vue.js 2.x 須搭配 v8 版本的 VueI18n；Vue.js 3.x 須搭配 v9 版本的 VueI18n，安裝指令對照如下：

Vue.js 2.x	Vue.js 3.x
# 建立預設 vue2 專案 # 須選擇「Default ([Vue 2] babel, eslint)」 vue create 10-1 # 安裝 vue-i18n 套件 . yarn add vue-i18n@^8.0	# 建立預設 vue3 專案 # 須選擇「Default ([Vue 3] babel, eslint)」 vue create 10-1 # 安裝 vue-i18n 套件 yarn add vue-i18n

安裝完 VueI18n 套件後，在專案根目錄裡的 src 目錄下建立 i18n 目錄放置與 VueI18n 相關的程式碼。

圖 10-1　vue-i18n 套件檔案結構

i18n 資料夾建立後，在 i18n 資料夾中建立 index.js 檔案撰寫 VueI18n 實體程式，Vue 2.x 及 3.x 建立 VueI18n 實體程式分別如下：

JS JavaScript

Vue.js 2.x	Vue.js 3.x
| ```js
import Vue from 'vue';
import VueI18n from 'vue-i18n';

Vue.use(VueI18n)

const zh_TW = {
    // 中文語言檔內容
    HELLO_WORLD: '歡迎來到 Vue
        i18n 的世界'
}

const en = {
    // 英文語言檔內容
    HELLO_WORLD: 'Welcome To Vue
        i18n\'s World.'
}

const i18n = new VueI18n({
    locale: 'en',
    messages: {
        en: en,
        zh_TW: zh_TW,
    },
})

export default i18n;
``` | ```js
import { createI18n } from
'vue-i18n';

const zh_TW = {
    // 中文語言檔內容
    HELLO_WORLD: '歡迎來到 Vue
        i18n 的世界'
}

const en = {
    // 英文語言檔內容
    HELLO_WORLD: 'Welcome To Vue
        i18n\'s World.'
}

export default createI18n({
    locale: 'en',
    messages: {
        en: en,
        zh_TW: zh_TW,
    }
})
``` |

Vue.js 2.x 註冊套件時，須在 Vue.js 實體建立前使用 use 方法註冊。因此，在 Vue.js 2.x 版本註冊 VueI18n 時，須先載入 Vue 套件，使用 Vue 的 use 方法註冊 VueI18n 後，再以 new 的方式使用 VueI18n 帶入 Options 參數設定建立 VueI18n 實體。Vue.js 3.x 註冊套件較為簡化，僅需載入 VueI18n 的 createI18n 方法，並帶入 Options 參數設定建立 VueI18n 實體。

VueI18n 的 Option API 設置項目如下：

◎ locale：VueI18n 解析語言的設定，建立時須給予預設值，範例程式的預設值為 en。

◎ messages：定義各語言資源的地方，範例程式中建立 zh_TW 與 en 作為中文及英文語言資源。

◎ VueI18n 實體最後以 export default 的方式將其匯出。完成狀態機的程式後，可至 Vue.js 主程式，引用 Vuex 狀態機，Vue.js 2.x 與 3.x 引用程式碼如下：

JS JavaScript

Vue.js 2.x	Vue.js 3.x
| ```
import Vue from 'vue'
import App from './App.vue'
import i18n from
'./i18n/index.js';


Vue.config.productionTip = false

new Vue({
  render: h => h(App),
  i18n
}).$mount('#app')
``` | ```
import { createApp } from 'vue'
import i18n from
'./i18n/index.js';
import App from './App.vue'


createApp(App)
     .use(i18n)
     .mount('#app')
``` |

VueI18n 實體引入 Vue.js SPA 專案的程式進入點後，Vue.js 2.x 須建立 Vue 實體時將 i18n 帶入 Options 參數設定；Vue 3.x 須在 Vue 實體建立後，以 use 方法註冊 VueI18n 實體。註冊完 VueI18n 後，便可開始使用 VueI18n 了。

10-2 vue-i18n 使用方法

🔍 建立語言資源

VueI18n 建立實體時，須在 Options 參數的 messages 定義語言資源，locale 設置的預設語言將對應 messages 定義的語言代碼，語言資源設置語法如下：

JS JavaScript

```javascript
import { createI18n } from 'vue-i18n';

export default createI18n({
    locale: [預設語言的語言代碼],
    messages: {
        [語言代碼]: [語言資源內容],
    }
})
```

定義語言代碼（Language Code）可以參考 IETF（Internet Engineering Task Force）套新發佈的 RFC 5646 標準定義語言標籤。語言標籤可由 1 個或多個標籤以「-」或「_」組成，它的順序及語法如下：

```
[language]-[extlang]-[script]-[region]-[variant]-[extension]-[privateuse]
```

（參考來源：https://www.w3.org/International/articles/language-tags/index.en.html）

上述語法中的 7 個語言標籤意義說明如下：

◉ language：主要語言代碼，可使用 ISO 639-1、ISO 639-2、ISO 639-3 或 ISO 639-5 標準定義的語言代碼。例：ISO 639-1 的英語代碼為 en，漢語的代碼為 zh，日語為 ja。

- extlang：主要語言的擴充語言，例：漢語中的廣東話代碼為 zh-yue

- script：主要語言文字的分支，例：繁體中文為 zh-Hant，簡體中文為 zh-Hans

- region：主要語言的地區，例：台灣使用的漢語為 zh-TW

- variant：主要語言的方言，例：斯洛文尼亞語的 Nadiza 方言為 sl-nedis

- extension：擴充標籤主要使用在定義語言中的特定資訊格式，例如：u 代表語言文字須使用 unicode 處理

- privateuse：自定義標籤

目前 Web 應用程式開發時，常見的語言代碼為「language + script」或「language + region」的組合。本章範例將以「language + region」搭配分隔符號「_」作為語言代碼定義的規則，建立中文、英文、日文等三種語言的多語系網站，代碼列表如下表所示。

表 10-1　範例語言代碼

語系	代碼
繁體中文	zh_TW
英文	en
日文	ja

VueI18n 定義資源時，可將各個語言檔以獨立的 JSON 檔定義。假設頁面中有一段歡迎說明的文字需具備中、英、日等三種語言表現，可在 i18n 資料夾中建立 zh_TW.json、en.json 及 js.json 等 3 個 JSON 檔案分別作為中、英、日等三種語言的語言資源檔案。語言檔案建立後，「語言資源內容」以 JSON 格式儲存，基本格式如下：

JSON

```json
{
    "[索引值]": "[翻譯內容]"
}
```

　　語系檔中的內容為的對應為「索引值」對應「翻譯內容」。以本節範例要建立 HELLO_WORLD 索引值來翻譯「歡迎來到 Vue i18n 的世界」，中、英、日的語系檔案內容分別如下：

JSON vue3/ch10/10-2/src/i18n/zh_TW.json

```json
{
    "HELLO_WORLD": "歡迎來到 Vue i18n 的世界"
}
```

JSON vue3/ch10/10-2/src/i18n/en.json

```json
{
    "HELLO_WORLD": "Welcome To Vue i18n's World."
}
```

JSON vue3/ch10/10-2/src/i18n/ja.json

```json
{
    "HELLO_WORLD": "Vue i18n の世界へようこそ"
}
```

　　VueI18n 套件允許語系資源的索引值為階層式的，在階層的最末端為翻譯內容，以 2 個階層索引值為例，語言資源內容 JSON 格式如下：

```json
{
    "[主索引值]": {
        "[子索引值]": "[翻譯內容]"
    }
}
```

語言定義內容拆分完成後，須在建立 VueI18n 的 JavaScript 程式檔引用，程式如下：

JS JavaScript　　vue3/ch10/10-2/src/i18n/index.js

```javascript
import { createI18n } from 'vue-i18n';
import en from './en.json';
import zh_TW from './zh_TW.json';
import ja from './ja.json';

export default createI18n({
    locale: 'en',
    messages: {
        en: en,
        zh_TW: zh_TW,
        ja: ja,
    }
})
```

圖 10-2　vue-i18n 套件語言拆檔檔案結構

使用語言資源

建立了語系資源後，VueI18n 套件提供了取得目前解析語系的全域方法，語法如下：

JS JavaScript

```javascript
this.$t([索引值])
```

接續已建立的中、英、日語言資源後,可在元件中進行渲染語法:

Vue SFC vue3/ch10/10-2/src/App.vue

```
<template>
    <div id="app">
        <layout-header> Vue i18n </layout-header>
        <layout-content>
            <div>{{ $t('HELLO_WORLD') }}</div>
        </layout-content>
        <layout-footer> Copyright &copy; Test Inc. </layout-footer>
    </div>
</template>

-------- (略) --------
```

頁面執行後,依據 VueI18n 建立時體時 locale 設定值為 en,故在元件中使用 $t() 方法取得索引值 HELLO_WORLD 的翻譯內容時,將取得 en 的 HELLO_WORLD 翻譯內容「Welcome To Vue i18n's World.」畫面如下:

圖 10-3 預設語系執行結果

VueI18n 套件建立實體註冊至 Vue.js 實體後，VueI18n 元件的實體將存至全域變數 $i18n，當頁面有切換語系需求時，可以透過全域變數 $i18n 修改，語法如下：

JS JavaScript

```javascript
this.$i18n.locale = [語言代碼];
```

接續前面已建立的頁面元件，新增一個單選選單，讓使用者選擇語言，程式如下：

V Vue SFC　　vue3/ch10/10-3/src/App.vue

```html
<template>
    <div id="app">
        <layout-header> Vue i18n </layout-header>
        <layout-content>
            <div>
                選擇語言：<select v-model="selectLang">
                    <option
                        v-for="(item, index) in langs"
                        :key="index"
                        :value="item.value"
                    >
                        {{ item.text }}
                    </option>
                </select><br/><br/>
                <div>{{ $t('HELLO_WORLD') }}</div>
            </div>
        </layout-content>
        <layout-footer> Copyright &copy; Test Inc. </layout-footer>
    </div>
</template>

<script>
import layoutHeader from './components/layouts/layout-header.vue';
```

```
import layoutContent from './components/layouts/layout-content.vue';
import layoutFooter from './components/layouts/layout-footer.vue';

export default {
    name: 'App',
    data: () => ({
        selectLang: 'en',
        langs: [
            { text: '繁體中文', value:'zh_TW' },
            { text: 'English', value:'en' },
            { text: '日本語', value:'ja' },
        ],
    }),
    watch: {
        'selectLang': function(newValue) {
            this.$i18n.locale = [newValue];
        }
    },
    components: {
        layoutHeader, layoutContent, layoutFooter,
    }
}
</script>

// -------- (略) --------
```

上述程式中，建立的單選選單透過 Vue.js 的雙向綁定 selectLang 取得使用者輸入的值，並使用 watch 監聽 selectLang 的資料變化，當資料變化時，將新的語言代碼更新至全域變數 $i18n 的 locale 屬性。如此一來，頁面解析索引值時，將變成以新對應到的語言資源解析其翻譯內容。舉例來說，當在介面中選擇日語時，顯示畫面將變成如下圖。

圖 10-4　切換爲日文時的畫面

🔍 動態取得語言資源

語系檔除了可以直接寫在專案中以 import 的方式載入外，也可以從外部取得並更新至實體裡。要從外部取得語言資源更新至 VueI18n 實體時，與切換語系一樣，需透過全域變數 $i18n 取得 VueI18n 實體將語言資源更新至 messages 屬性中，其語法如下：

JS JavaScript

```javascript
this.$i18n.messages.[語言代碼] = [語言資源內容];
```

接續前面已建立的頁面元件，當語言資源須要發送 HTTP 請求取得時，可改寫 SFC 元件中 JavaScript 的部份，程式碼如下：

V Vue SFC　vue3/ch10/10-4/src/App.vue

```javascript
// -------- (略) --------

<script>
import layoutHeader from './components/layouts/layout-header.vue';
import layoutContent from './components/layouts/layout-content.vue';
```

10-13

```
import layoutFooter from './components/layouts/layout-footer.vue';
import axios from 'axios';

export default {
    name: 'App',
    data: () => ({
        selectLang: 'en',
        langs: [
            { text: '繁體中文', value:'zh_TW' },
            { text: 'English', value:'en' },
            { text: '日本語', value:'ja' },
        ],
    }),
    methods: {
        async updateLanguageResource(langCode) {
            const response = await axios.get(`/i18n/${langCode}.json`);
            this.$i18n.messages[langCode] = response.data;
        }
    },
    watch: {
        'selectLang': function(newValue) {
            this.updateLanguageResource(newValue);
            this.$i18n.locale = newValue;
        }
    },
    mounted() {
        this.$i18n.locale = this.selectLang;
        this.updateLanguageResource(this.selectLang);
    },
    components: {
        layoutHeader, layoutContent, layoutFooter,
    }
}
</script>

// -------- (略) --------
```

同樣地，會使用透過將 selectLang 雙向綁定至單選選單，監聽 selectLang 值的變化。當 selectLang 值變化時，將新的值帶入 updateLanguageResource 方法發送 HTTP 請求取得對應語言檔的語言資源內容，並透過全域變數 $i18n 取得 VueI18n 實體，將語言資源更新至 messages 裡。最後，別忘了要在元件 mounted 之後，執行一次 updateLanguageResource() 方法取得預設語言的外部語言資源。

🔍 語系取得變數

VueI18n 提供了翻譯內容動態帶入參數的功能。舉例來說，在歡迎內容加入向使用者問安的一段話，並在其中帶入使用者的名字。此時，可新增 1 個索引值「HI」，各語系的翻譯內容修改如下：

◉ JSON vue3/ch10/10-5/src/i18n/zh_TW.json

```json
{
    "HI": "{0}，您好",
    "HELLO_WORLD": "歡迎來到 Vue i18n 的世界"
}
```

◉ JSON vue3/ch10/10-5/src/i18n/en.json

```json
{
    "HI": "Hi, {0}",
    "HELLO_WORLD": "Welcome To Vue i18n's World."
}
```

◉ JSON vue3/ch10/10-5/src/i18n/ja.json

```json
{
    "HI": "こんにちは、{0}",
    "HELLO_WORLD": "Vue i18n の世界へようこそ"
}
```

翻譯內容中，以大括弧「{ }」搭配數字，數字為取得第 n 個參數，0 為起始值，代表第 1 個參數。當使用時，帶入變數語法如下：

JS JavaScript

```javascript
this.$t([索引值], [ [參數0], [參數1], … ])
```

接著，可以在 App.vue 頁面元件加入{{ $t('HI', ['John']) }}程式，修改如下：

V Vue SFC　　vue3/ch10/10-5/src/App.vue

```html
<template>
    <div id="app">
        <layout-header> Vue i18n </layout-header>
        <layout-content>
            <div>
                選擇語言：<select v-model="selectLang">
                    <option
                        v-for="(item, index) in langs"
                        :key="index"
                        :value="item.value"
                    >
                        {{ item.text }}
                    </option>
                </select><br/><br/>
                <div>{{ $t('HI', ['John']) }}</div>
                <div>{{ $t('HELLO_WORLD') }}</div>
            </div>
        </layout-content>
        <layout-footer> Copyright &copy; Test Inc. </layout-footer>
    </div>
</template>

// -------- (略) --------
```

在樣板中，解析索引值「HI」時，帶給翻譯內容的參數為陣列形式，陣列第 1 個項目為「John」字串，它將帶至翻譯內容取代「{0}」，以中文畫面為例，執行解析的執行畫面如圖 10-5 所示，結果為「John，您好」。

圖 10-5　變數帶入執行畫面

開發環境環境建置

A-1 Vue.js 開發環境需求

使用 Vue.js 開發 Web 應用程式前，須先準備 Vue.js 的開發環境。本書依多數開發人員使用的作業系統為主，將介紹 Windows 及 MacOS 的開發環境建置。讀者可挑選習慣的作業系統，進行開發環境建置。

Vue.js 開發環境需建置的項目約可分為三個部份：

◉ Vue.js 輔助工具

Web 應用程式執行時將使用瀏覽器，目前常見的瀏覽器有 Chrome、Firefox、MacOS 的 Safari 及 Windows 的 Edge。這些瀏覽器中可安裝 Vue DevTools，當撰寫 Vue.js 程式時，可協助我們進行程式的驗證及除錯。有關安裝的部份，將於附錄 A-2 進行介紹。

- ◉ 文字編輯器

  Web 應用程式雖然可以完全使用 Windows 的記事本或 MacOS 的純文字編輯，但是，若有一套好的 GUI 介面，可以幫助我們提升程式的撰寫較率。本書將於附錄 A-3 介紹免費又大受好評的 Sublime 及 Visual Studio Code，讀者可擇一編輯器依本書介紹的步驟進行安裝。

- ◉ JavaScript 套件管理工具

  Vue.js 為 JavaScript 的框架，當 Web 應用程式開發專案需要引入特定的套件時，將需要使用到 JavaScript 的套件管理工具－npm 或是 yarn。有關 npm 及 yarn 的安裝本書將於附錄 A-4 介紹。

A-2 Vue.js 輔助工具安裝

Vue DevTools 為 Vue.js 官方提供的 Vue.js 開發輔助工具。開發人員安裝後，可在執行 Vue.js 頁面時，從瀏覽器中開啟工具查詢每個元件的資料，觀察事件的觸發及資料的變化，協助開發人員進行程式的驗證及排錯。

Vue DevTools 可支援 Chrome、Firefox、Edge 及 Safari 等目前全球主流的瀏覽器，其中，Chrome、Firefox、Edge 由於針對擴充模組有進行整合，故可以直接使用瀏覽器裡的介面操作安裝。Safari 則需要透過 Electron 的 DevTools 使用。

A-2-1　Chrome 安裝 Vue DevTools

　　Chrome 瀏覽器提供了「Chrome 線上應用程式商店」，供使用者下載並安裝第三方的擴充功能模組。本節將使用「Chrome 線上應用程式商店」安裝 Vue DevTools，其步驟如下：

Step ① 開啟瀏覽器，並點選首頁中「線上應用程式」項目。

圖 A-1　Chrome 瀏覽器起始頁

Step ② 進入 Chrome 線上應用程式商店後，於左上的搜尋框輸入「vue js devtools」後，按下「Enter 鍵」查詢後，我們將看見第一筆由「https://vuejs.org」提供的 Vue.js devtools。此時，可點擊進入。

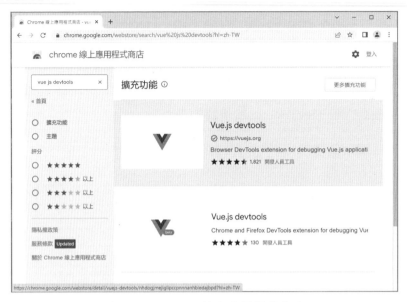

圖 A-2　Chrome 線上應用程式商店

Step 3　進入 Vue.js devtools 頁面後，點選右上的「加到 Chrome」按
　　　　鈕。

圖 A-3　Vue.js devtools 頁面

Step 4 Chrome 跳出確認視窗詢問『要新增「Vue.js devtools」嗎？』後，點選「新增擴充功能」。

圖 A-4　擴充套件確認

Step 5 新增完成後，將發現連結框的右邊多出了 Vue.js 的 Icon，以及新增擴充模組成功訊息。

圖 A-5　擴充套件安裝完成訊息

Step 6 可以點選拼圖 Icon 的按鈕，點選「Vue.js devtools」項目右側的「圖釘」Icon 按鈕，讓圖示可恆久顯示於工具列上。

圖 A-6　擴充套件釘選

A

開發環境環境建置

A-5

Step (7) 我們隨意開啟一個 Vue.js 網頁視窗測試 Vue.js DevTools 時，將發現無法成功開啟，這是由於工具預設未開啟「允許存取檔案網址」功能，須點選以下路徑開啟工具設定介面：「拼圖 Icon」>>「Vue.js DevTools 右側 3 個點的 Icon」>>「管理擴充功能」

圖 A-7　管理擴充套件

Step (8) 進入擴充功能設定頁面後，將「允許存取檔按網址」更改為「開啟」狀態。

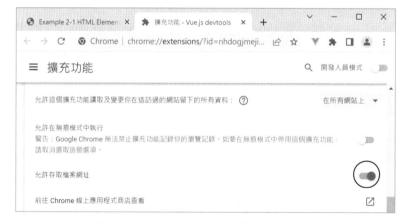

圖 A-8　Vue.js DevTools 擴充套件設定

Step ⑨ 重新開啟測試 Vue.js 的頁面，並點選「滑鼠右鍵」>>「檢查」
開啟開發人員工具介面。看見頁籤中有「Vue」之後，可點選
進入 Vue.js DevTools 介面。

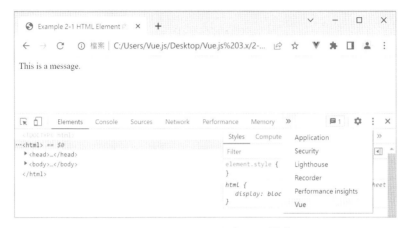

圖 A-9　Chrome 開發人員工具介面

Step ⑩ 進入後，便可透過以下介面看見測試頁的 data 中具有 message
屬性，其值為「This is a message.」。

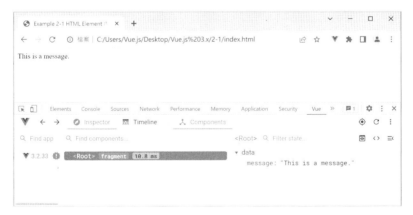

圖 A-10　Vue.js DevTools 介面

A-2-2　Firefox 安裝 Vue DevTools

　　Firefox 瀏覽器提供了「附加元件管理員」，供使用者下載並安裝第三方的擴充功能模組。本節將進入「附加元件管理員」查詢並安裝 Vue DevTools，其步驟如下：

Step 1　開啟瀏覽器，並點選右上「≡」圖示按鈕，開啟「附加元件與佈景主題」。

圖 A-11　Firefox 開啟「附加元件與佈景主題」

Step 2 進入「附加元件管理員」後，於右上的搜尋框輸入「vue devtools」後，按下「Enter 鍵」查詢。

圖 A-12　附加元件管理員搜尋「vue devtools」

Step 3 依查詢結果，點擊作者為「Evan You」 的 Vue.js devtools。

圖 A-13　「vue devtools」搜尋結果

Step 4 進入「Vue.js devtools」擴充套件頁面後,點選「新增至 Firefox」。

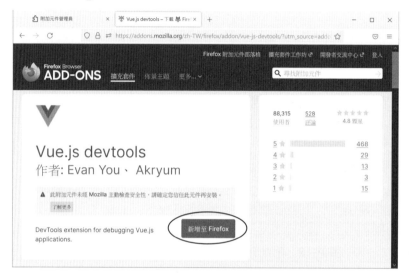

圖 A-14　Vue.js devtools 擴充套件頁面

Step 5 Firefox 跳出確認視窗後,點選「安裝(A)」。

圖 A-15　擴充套件安裝確認

Step 6 新增完成後,將發現連結框的右邊多出了 Vue.js 的 Icon 以及新增擴充模組成功訊息。

圖 A-16 　擴充模組安裝成功訊息

Step 7 開啟測試 Vue.js 的頁面，並點選「滑鼠右鍵」>>「檢查」開啟開發人員工具介面。看見頁籤中有「Vue」之後，可點選進入 Vue.js DevTools 介面。

圖 A-17 　「滑鼠右鍵」>>「檢查」開啓開發人員工具介面

Step 8 進入後，便可透過以下介面看見測試頁的 data 中具有 message 屬性，其值為「This is a message.」。

圖 A-18 　Vue.js DevTools 介面

A-2-3　Edge 安裝 Vue DevTools

　　Edge 瀏覽器提供了「Edge 外掛程式」介面，供使用者下載並安裝第三方的擴充功能模組。本節將使用「Edge 外掛程式」介面安裝 Vue DevTools，其步驟如下：

Step ① 開啟瀏覽器，並點選右上「拼圖圖示」按鈕 >> 「管理擴充功能」。

圖 A-19　開啓管理擴充功能

Step ② 在擴充功能介面，點選「取得 Microsoft Edge 的擴充」。

圖 A-20　擴充功能介面

Step 3 進入「Edge 外掛程式」查詢介面，於左上查詢方塊輸入「vue devtools」後，按「Enter」鍵查詢 Vue.js devtools。找到作者為 Vue.js 的 Vue.js devtools 外掛程式後，點選「取得」。

圖 A-21　Edge 外掛程式查詢結果

Step 4 Edge 跳出確認視窗詢問『是否要新增「Vue.js devtools」至 Microsoft Edge?』後，點選「新增擴充功能」。

圖 A-22　新增擴充功能確認視窗

Step 5 新增完成後，將發現連結框的右邊多出了 Vue.js 的 Icon，以及新增擴充模組成功訊息。

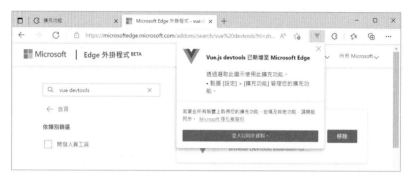

圖 A-23　新增擴充模組成功訊息

Step 6 安裝成功後，可隨意開啟一個 Vue.js 網頁視窗測試 Vue.js DevTools 時，將發現無法成功開啟，這是由於工具預設未開啟「允許存取檔案網址」功能，須點選以下路徑開啟工具設定介面：「拼圖 Icon」>>「Vue.js DevTools 右側『…』Icon」>>「管理延伸模組」。

圖 A-24　開啟工具設定介面

Step 7 進入擴充功能設定頁面後，勾選「允許存取檔案 Url」。

圖 A-25　擴充功能設定

Step 8 重新開啟測試 Vue.js 的頁面，並點選「滑鼠右鍵」>>「檢查」開啟開發人員工具介面。

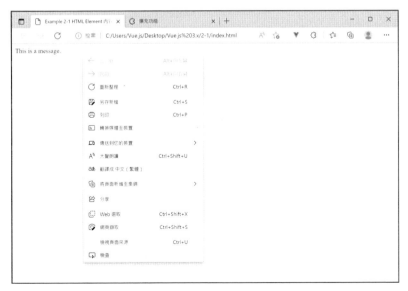

圖 A-26　「滑鼠右鍵」>>「檢查」開啟開發人員工具介面

Step 9 看見頁籤中有「Vue」之後，可點選進入 Vue.js DevTools 介面。

圖 A-27　開發人員工具介面

Step 10 進入後，便可透過以下介面看見測試頁的 data 中具有 message 屬性，其值為「This is a message.」。

圖 A-28　Vue.js DevTools 介面

A-2-4　Safari 安裝 Vue DevTools

　　Safari 瀏覽器未提供擴充功能，若要使用 Vue.js DevTools，則須要使用 Vue.js DevTools 提供的 electron 介面，透過 electron 介面便可如同 Chrome 等瀏覽器一樣，使用 Vue.js DevTools 協助 Vue.js 程式開發。其安裝步驟如下：

Step 1 使用 Vue.js DevTools 提供的 electron 介面需要使用 npm，故讀者可先確認本機是否已安裝 node.js 及 npm。有關 npm 的安裝可參考 A-4 JavaScript 套件管理工具安裝。

Step 2 進入終端機輸入「npm install -g @vue/devtools」安裝 Vue.js DevTools 套件。

```
→  ~ npm install -g @vue/devtools
npm WARN config global `--global`, `--local` are deprecated. Use `--location=gl
obal` instead.
(                    ) ⠏ reify:@vue/devtools: http fetch GET 200 https://registry
.npmjs.org/@vue/devtools/-/devtools-6.2.1.tgz 8994

added 178 packages, and audited 179 packages in 1m

15 packages are looking for funding
  run `npm fund` for details

3 moderate severity vulnerabilities

To address all issues (including breaking changes), run:
  npm audit fix --force

Run `npm audit` for details.
→  ~
```

圖 A-29　終端機執行「npm install -g @vue/devtools」指令

Step 3 安裝完成後，於終端機執行「vue-devtools」，執行完成後，會顯示 Vue Developer Tools 介面，其上顯示連結資訊。

```
→  ~ vue-devtools

```

圖 A-30　終端機執行「vue-devtools」指令

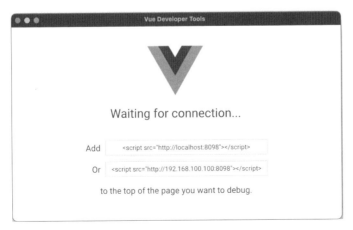

圖 A-31　Vue Developer Tools

Step 4 Vue Developer Tools 介面顯示的連結資訊「<script src="http://localhost:8098" ></script>」 加入至 HTML 網頁中。

```html
<!DOCTYPE html>
<html>
<head>
    <title>Example 2-1 HTML Element 內容顯示 – 資料模型屬性顯示</title>
    <meta charset="utf-8">
</head>
<body>
    <div id="app">
        <!-- 顯示資料模型中 message 屬性 -->
        {{ message }}
    </div>
    <script src="http://localhost:8098" ></script>
    <script src="https://cdn.jsdelivr.net/npm/vue@3.2.37/dist/vue.global.js"></script>
    <script src="./app.js"></script>
</body>
```

圖 A-32　加入<script src="http://localhost:8098" ></script>至 HTML 頁面

Step 5 開啟測試網頁面，將會看見 Vue Developer Tools 介面顯示如同 Chrome 等瀏覽器的 Vue 開發資訊。

圖 A-33　Vue Developer Tools 介面

A-3 文字編輯器安裝

A-3-1 Sublime 安裝

傳統在學習網頁開發時，會聽到 Dreamweaver、Front Page 等軟體大廠開發的網頁編輯器。然而，在前端技術發展迅速的情形下，軟體也逐漸不符合現在的開發需求。

Sublime 為一套輕量化且高效能的免費文字編輯器。Sublime 介面雖然極為簡潔，但它提供了介面供第三方開發各類實用的套件，因此，開發人員可依各自的需求安裝各類第三方套件，無形之中讓 Sublime 變得強大，也被許多人譽為前端開發神器。本節將介紹 Windows 及 MacOS 環境下，將如何安裝 Sublime。

🔍 Windows 安裝步驟

Step 1 進入 Sublime 官方網站（網址：https://sublimetext.com）下載安裝檔。

圖 A-34　Sublime 官方網站

Step 2 下載完成後，開啟安裝程式點擊「Next」。

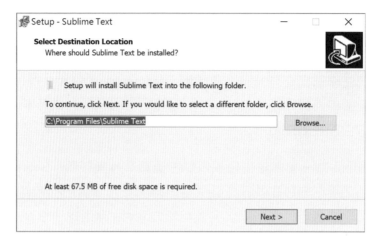

圖 A-35　Sublime 安裝介面－選擇安裝路徑

Step 3 選擇是否將 Sublime 加至選單中，如是則勾選後，滑鼠點擊「Next」。

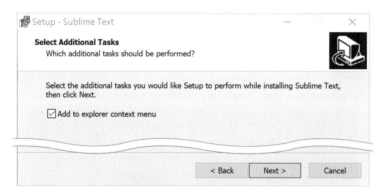

圖 A-36　Sublime 安裝介面－選擇是否將 Sublime 加至選單

Step 4 確認安裝資訊後，點選「Install」。

圖 A-37　Sublime 安裝介面－確認安裝資訊

Step 5 安裝完成，點擊「Finish」。

圖 A-38　Sublime 安裝介面－安裝完成

Step 6 安裝完成後，可點選「開始」>>「Sublime Text」開啟 Sublime 編輯器。

圖 A-39　Windows 10「開始」選單介面

🔍 MacOS 安裝步驟

Step 1 進入 Sublime 官方網站（網址：https://sublimetext.com）下載
安裝檔。

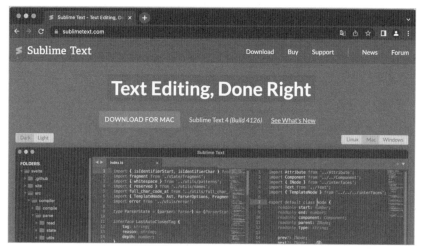

圖 A-40　Sublime 官方網站（網址：https://sublimetext.com）

Step 2 開啟 Finder 介面，於左邊選單開啟「應用程式」後，將下載
的 Sublime Text 移至應用程式裡。

圖 A-41　Finder 介面 – 應用程式

Step ③ 成功複製 Sublime Text 程
式至應用程式後，可至功
能選單開啟 Sublime
Text。第一次啟動時，
MacOS 會有一個開啟確
認，點選「打開」即可。

圖 A-42　Sublime Text 開啟確認視窗

Step ④ 開啟 Sublime Text 成功。

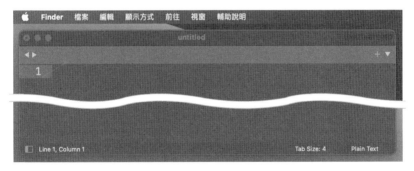

圖 A-43　Sublime 開啟成功畫面

A-3-2　Sublime 套件安裝

Sublime Text 安裝完成後，首要須安裝 Package Control。早期安裝時，須進入 Console 安裝，目前 Sublime Text 已整合至介面中。我們可點選「Tools」>>「Install Package Control」安裝 Package Control。

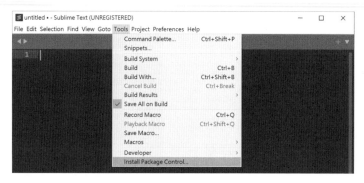

圖 A-44　安裝 Package Control

安裝完成後，Sublime 將
顯示以下訊息：

圖 A-45　Package Control 安裝成功訊息

安裝完 Package Control 後，可叫出「命令面板」輸入「install」選擇「Package Control: Install Package」按「Enter」後，可選擇套件安裝。命令面板在 Windows 環境下快捷鍵為「Ctrl」+「Shift」+「p」；MacOS 環境下快捷鍵為「Cmd」+「Shift」+「p」進入「命令面板」。

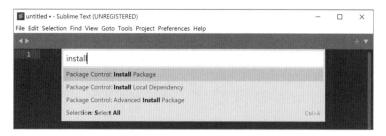

圖 A-46　Sublime Text 命令面板

以安裝「ConvertToUTF8」套件為例，進入「Package Control: Install Package」後，可以輸入套件名稱「ConvertToUTF8」，並按下「Enter」進行安裝。

圖 A-47　搜尋套件「ConvertToUTF8」

套件安裝完成後，部份套件會顯示套件說明，如下圖所示。

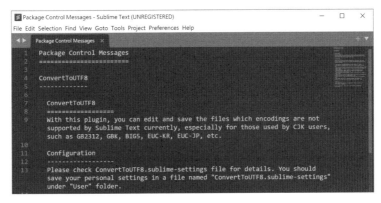

圖 A-48　ConvertToUTF8 套件安裝成功

當套件完成安裝後，若需要進行套件設定時，可至「Perforences」>>「Package Settings」>>「套件名稱」>>「Settings－Default」進行設定。

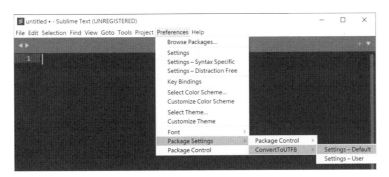

圖 A-49　套件設定路徑

使用 Sublime Text 開發 Vue.js 應用程式時，建議讀者可於 Sublime Text 安裝的套件整理如下表：

表 A-1　Sublime Text 建議安裝套件匯總表

套件名稱	用途
ConvertToUTF8	解決 Sublime 預設不支援 Big5 或其他編碼的問題
Sidebar Enhancements	側邊欄擴充功能
TrailingSpaces	顯示每一行最後的多餘空白
A File Icon	icon 包
HTML-CSS-JS Pertify	可格式化 HTML/CSS/JS 使用前須至套件設定 node.js 執行檔路徑 設定檔中的 html 支援檔名須加上 vue
BracketHighligther	顯示游標位在 HTML 的 Tag 或 JS 的區域({})
DocBlockr	自動產生區塊註解的工具
Babel	偵測到 .jsx 檔就會自動支援 JSX 的語法高亮 [JavaScript(Babel)]
Babel Snippets	提供 Babel snippets，可快速產生完整原始碼
Vue Syntax Highlight	Vue.js 檔案語法高亮顯示
Vuejs Complete Package	Vue.js 語法自動完成
Vuejs Snippets	提供 Vue snippets，可快速產生完整原始碼

A-3-3　Visual Studio Code 安裝

Visual Studio Code 為一套由 Microsoft 開發的文字編輯器，與 Sublim 相同，它提供了介面供第三方開發各類實用的套件，目前也被許多開發人員廣泛地使用。本節將介紹 Windows 及 MacOS 環境下，將如何安裝 Sublime。

🔍 Windows 安裝步驟

Step **1** 進入 Virtual Studio Code 官方網站（網址：https://code.visualstudio.com）下載安裝檔。

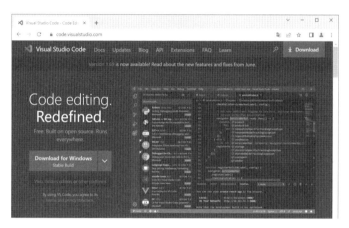

圖 A-50　Virtual Studio Code 官方網站

Step **2** 下載完成後，開啟安裝程式，瀏覽並同意授權合約後，點擊「下一步」。

圖 A-51　VS Code 安裝－授權合約

Step 3 選擇安裝目錄後，滑鼠點擊「下一步」。

圖 A-52　VS Code 安裝 – 安裝目錄

Step 4 選擇「開始」功能表資料夾後，點選「下一步」。

圖 A-53　VS Code 安裝 – 開始功能表設定

Step 5 選擇附加工作後，點擊「下一步」。

圖 A-54　VS Code 安裝 - 選擇附加的工作

Step 6 確認安裝設定後，點擊「安裝」。

圖 A-55　VS Code 安裝 - 安裝資訊確認

Step 7 安裝完成後，勾選「啟動 Visual Studio Code」，點擊「完成」。

圖 A-56　VS Code 安裝 - 安裝完成

Step 8 第一次開啟 Visual Studio Code 時，將會看見為英文介面，此時右下角會有個提醒，可點擊「安裝重新啟動」安裝繁體中文語言，使介面變更為中文。

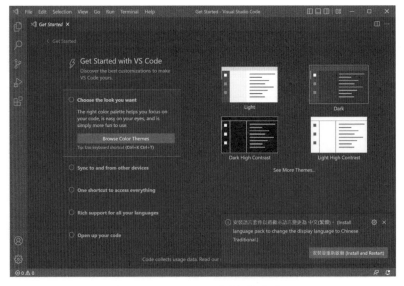

圖 A-57　VS Code 預設英文介面

Step 9 重新開啟後，Visual Studio Code 更新為繁體中文介面了。

圖 A-58　VS Code 中文介面

A-3-4　Visual Studio Code 套件安裝

Visual Studio Code 安裝完成後，即可點選「延伸模組」按鈕，進入延伸模組介面。

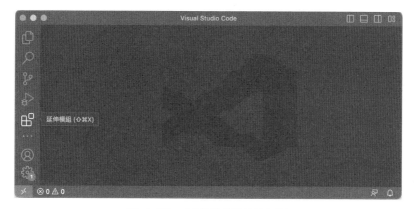

圖 A-59　延伸模組管理介面

開發環境環境建置

在延伸模組管理介面中，可直接於搜尋框中，輸入文字搜尋套件。以安裝 Babel ES6/ES7 套件為例，可輸入「Babel ES6/ES7」按「Enter 鍵」搜尋。成功搜尋後，點選「安裝」按鈕，即可安裝選擇的延伸模組。

圖 A-60　搜尋「Babel ES6/ES7」延伸模組

安裝完成後如下圖，在延伸模組頁面中，可選擇「停用」或「解除安裝」。

圖 A-61　「Babel ES6/ES7」成功安裝畫面

使用 Visual Studio Code 開發 Vue.js 應用程式時，建議讀者可於 Visual Studio Code 安裝的套件整理如下表：

表 A-2 Visual Studio Code 建議安裝套件彙總表

套件名稱	用途
Babel ES6/ES7 (dzannotti)	支援 ES6/ES7 語法高亮顯示
Babelrc (Wade Anderson)	驗證 babelrc JSON 格式
Beautify (HookyQR)	HTML、JavaScript、JSON、CSS、Sass 等原始碼美化
HTML Snippets (geyao)	HTML 程式碼片段
IntelliSense for CSS class names in HTML (Zignd)	針對已建的 CSS Class 自動查找選擇功能
Vetur (Pine Wu)	支援.vue 的 SFC 檔案語法高亮顯示
Vue 3 Snippets (NicholasHsiang)	支援 Vue.js 3 語法高亮顯示

A-4 JavaScript 套件管理工具安裝

目前常用的 JavaScript 套件管理工具有 npm 及 yarn，本節將介紹 JavaScript 套件管理工具的安裝，有關使用方法的部份，將於附錄 B 介紹。

NPM 僅須安裝 Node.js 即可，Node.js 預設的安裝內容會包含 NPM。YARN 的部份則需要透過 NPM 安裝。由於 Node.js 版本會一直演進，建議使用時以 LTS 版本為主。筆者撰寫書時，目前 Node.js 最新的 LTS 版本為 16.16.0。

A-4-1　Windows 10 JavaScript 套件管理工具安裝

　　Windows 10 安裝時，Node.js 有提供安裝程式，後續 npm 安裝確認及安裝 yarn 的操作須進入「命令提示字元」進行操作，安裝步驟說明如下：

Step 1　進入 Node.js 官方網站（網址：https://nodejs.org/en/），下載Node.js 最新 LTS 版本（16.16.0）。

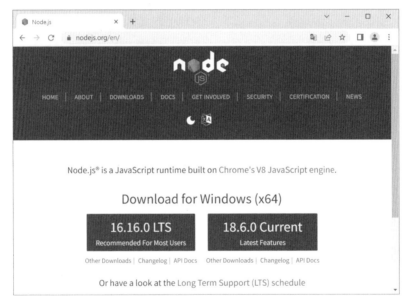

圖 A-62　Node.js 官方網站

Step 2 下載完成後，開啟安裝程式，點選「Next」。

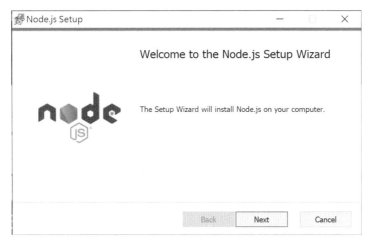

圖 A-63　Node.js 安裝

Step 3 確認使用條款，點選「I accept the terms in the License Agreement」後，點「Next」。

圖 A-64　Node.js 安裝 - 授權條款

Step ④ 選擇安裝目錄後，點選「Next」。

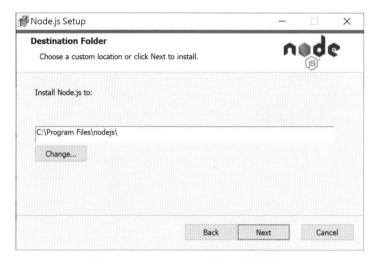

圖 A-65　Node.js 安裝 - 安裝目錄

Step ⑤ 確認及修改要安裝的內容後，點選「Next」。

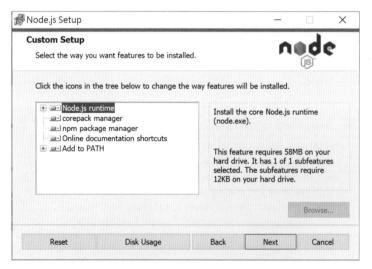

圖 A-66　Node.js 安裝 - 安裝項目設定

Step ⑥ 確認是否要安裝相依套件，有需要自動安裝則須勾選。確認完後點選「Next」。

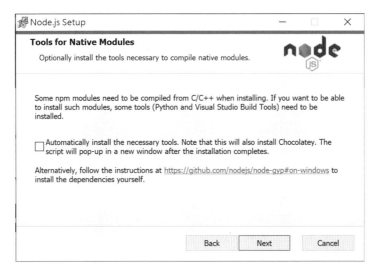

圖 A-67　Node.js 安裝 - 確認是否要安裝相依套件

Step ⑦ 點選「Install」安裝。

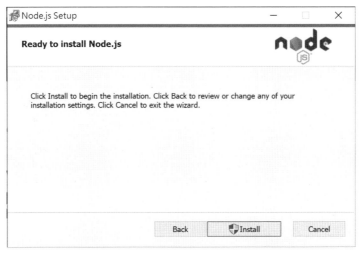

圖 A-68　Node.js 安裝 - 安裝

Step 8 Node.js 安裝完成，點選「Finish」關閉安裝視窗。

圖 A-69　Node.js 安裝－安裝完成

Step 9 NPM 在 Node.js 安裝完成的同時，也一併成功安裝。此時，可至「開始」搜尋的地方以「cmd」搜尋「命令提示字元」，找到後便點選開啟。

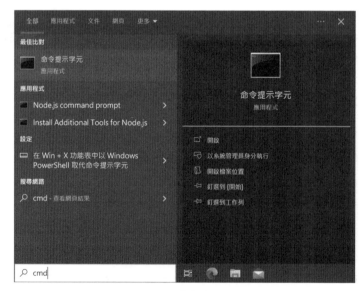

圖 A-70　開啟「命令提示字元」

Step10 以「npm --version」指令確認 NPM 是否已安裝成功，如下圖
所示，npm 已安裝成功，且安裝版本為 8.11.0。

```
C:\Users\Vue.js>npm --version
npm WARN config global `--global`, `--local` are deprecated. Use `--location=global` instead.
8.11.0
```

圖 A-71　確認 npm 安裝版本

Step11 以指令「npm install yarn -g」安裝 YARN。

```
C:\Users\Vue.js>npm install yarn -g
npm WARN config global `--global`, `--local` are deprecated. Use `--location=global` instead.
npm WARN config global `--global`, `--local` are deprecated. Use `--location=global` instead.

added 1 package, and audited 2 packages in 2s

found 0 vulnerabilities
npm notice
npm notice New minor version of npm available! 8.11.0 -> 8.14.0
npm notice Changelog: https://github.com/npm/cli/releases/tag/v8.14.0
npm notice Run npm install -g npm@8.14.0 to update!
npm notice
```

圖 A-72　安裝 yarn

Step12 以「yarn --version」指令確認 YARN 是否已安裝成功，如下
圖所示，yarn 已安裝成功，且安裝版本為 1.22.19。

```
C:\Users\Vue.js>yarn --version
1.22.19
```

圖 A-73　確認 yarn 安裝版本

A-4-2　MacOS JavaScript 套件管理工具安裝

MacOS 在安裝 JavaScript 套件管理工具時，須進入終端機以輸入
指令的方式進行安裝，其安裝步驟如下：

Step 1 輸入指令「brew install nvm」，安裝 Node.js Version Manager。

圖 A-74　nvm 安裝顯示資訊圖

Step 2　nvm 安裝已完成時，會顯示資訊提醒我們須將 nvm 加至系統
路徑。此時，可輸入「echo "source $(brew –prefix nvm)/nvm.sh"
>> ~/.bash_profile」。未來，當我們需要使用套件管理工具時，
可執行指令「. ~/.bash_profile」將 nvm 載入系統中。

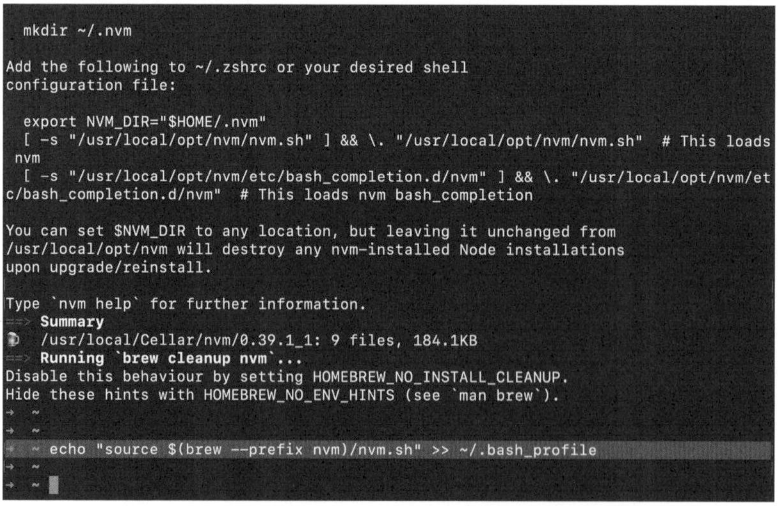

圖 A-75　將載入 nvm 指令加至.bash_profile 檔中

Step ③ 執行指令「. ~/.bash_profile」將 nvm 載入系統中。

```
→  ~
→  ~ . ~/.bash_profile
→  ~
```

圖 A-76 　執行.bash_profile 內容

Step ④ 執行指令「nvm ls-remote」查詢可安裝的 Node.js 版本。

```
→  ~
→  ~ nvm ls-remote
        v0.1.14
        v0.1.15
        v0.1.16
        v0.1.17
        v0.1.18
        v0.1.19
```

圖 A-77 　查詢 Node.js 可安裝版本

Step ⑤ 由於 Node.js 版本非常多，我們僅需要安裝 LTS 版本，故可執行指令「nvm ls-remote | grep "Latest LTS"」 僅顯示 Node.js 最新的 LTS 版本。

```
~ nvm ls-remote | grep "Latest LTS"
     v4.9.1    (Latest LTS: Argon)
     v6.17.1   (Latest LTS: Boron)
     v8.17.0   (Latest LTS: Carbon)
    v10.24.1   (Latest LTS: Dubnium)
    v12.22.12  (Latest LTS: Erbium)
    v14.20.0   (Latest LTS: Fermium)
    v16.16.0   (Latest LTS: Gallium)
~
```

圖 A-78 　查詢可安裝的 LTS 版號

Step ⑥ 執行指令「nvm install v16.16.0」安裝 Node.js v16.16.0。若想安裝其他版本，可將「v16.16.0」改為查詢出來的版號，例如：可改為「v14.20.0」安裝上一個 LTS 版本。

```
~ nvm install v16.16.0
Downloading and installing node v16.16.0...
Downloading https://nodejs.org/dist/v16.16.0/node-v16.16.0-darwin-x64.tar.xz...
######################################################################### 100.0%
Computing checksum with shasum -a 256
Checksums matched!
~
```

圖 A-79 　安裝 Node.js v16.16.0

Step 7 執行指令「nvm use --delete-prefix v16.16.0」後，代表我們將使用 node.js 16.16.0 版。此時，也將秀出 NPM 版本 8.11.0。

```
~ nvm use --delete-prefix v16.16.0
Now using node v16.16.0 (npm v8.11.0)
~
```

圖 A-80　使用 Node.js v16.16.0

Step 8 執行指令「echo "nvm use --delete-prefix v16.16.0" >> ~/.bash_profile」。未來，當我們需要使用套件管理工具時，可執行指令「. ~/.bash_profile」即可馬上指定執行版本。

```
~ echo "nvm use --delete-prefix v16.16.0" >> ~/.bash_profile
```

圖 A-81　執行.bash_profile 內ＮＢ容

Step 9 執行指令「npm install yarn -g」安裝 YARN。

```
~ npm install yarn -g
npm WARN config global `--global`, `--local` are deprecated. Use `--location=global` instead.

added 1 package, and audited 2 packages in 1s

found 0 vulnerabilities
```

圖 A-82　安裝 yarn

Step 10 分別執行指令「npm --version」及「yarn --version」確認 JavaScript 套件管理工具的版本，如有顯示代表已安裝完成。

```
~ npm --version
8.11.0
~ yarn --version
1.22.19
~
```

圖 A-83　確認 npm 及 yarn 版本

JavaScript 套件管理

B

B-1 套件管理設定 – package.json

JavaScript 的世界中，網上有眾多的套件資源可以使用。為了要讓全球眾多開發人員能夠有個標準，Node.js 提供了 NPM（Node Package Manager）套件管理工具。JavaScript 套件管理工具除了 NPM 外，還有 Facebook 推出的 Yarn，透過 JavaScript 套件管理工具，可以有效地管理專案中需要使用的 JavaScript 套件。

要了解 JavaScript 套件管理的工具前，先須了解 JavaScript 專案中的 package.json 檔案。首先，須在終端機中進入專案資料夾初始化 JavaScript 專案，執行指令如下：

SHELL

```
npm init
```

輸入以上指令後，將顯示以下畫面：

```
→ npm-test git:(master) × npm init
This utility will walk you through creating a package.json file.
It only covers the most common items, and tries to guess sensible defaults.

See `npm help init` for definitive documentation on these fields
and exactly what they do.

Use `npm install <pkg>` afterwards to install a package and
save it as a dependency in the package.json file.

Press ^C at any time to quit.
package name: (npm-test)
```

圖 B-1　執行指令開始的問答畫面

Npm 套件管理工具將以問答的方式協助設定專案，問答畫面如下：

```
Press ^C at any time to quit.
package name: (npm-test)
version: (1.0.0)
description: NPM Test Project
entry point: (index.js)
test command:
git repository:
keywords: npm, test, init
author: Vue Developer
license: (ISC)
```

圖 B-2　專案初始化問答內容

當 npm 詢問的問題中具有括弧內的值為預設值，若不輸入按「Enter 鍵」時，則預設值會帶入當前詢問項目。問答的方式將依續詢問以下內容：

- ◉ Package name：JavaScript 專案可視為一個套件，初始化時建立的專案名稱為套件名稱，預設值為專案資料夾名稱。
- ◉ version：專案的版本號碼
- ◉ description：專案描述
- ◉ entry point：專案程式進入點
- ◉ test command：測試專案指令
- ◉ Git Repository：設置 Git Repository 連結

- ◉ Keywords：設置專案的關鍵字，如有多個關鍵字可用「,」間隔

- ◉ Author：作者、擁有者資訊

- ◉ License：授權資訊

上述問答輸入完成後，將會輸出 package.json 內容，並詢問是否無誤，畫面如下：

```
{
  "name": "npm-test",
  "version": "1.0.0",
  "description": "NPM Test Project",
  "main": "index.js",
  "scripts": {
    "test": "echo \"Error: no test specified\" && exit 1"
  },
  "keywords": [
    "npm",
    "test",
    "init"
  ],
  "author": "Vue Developer",
  "license": "ISC"
}

Is this OK? (yes) yes
→  npm-test git:(master) ✗
```

圖 B-3　package.json 內容確認

專案初始化完成後，便具有 package.json 檔案，它以 JSON 格式記錄專案的資訊。NPM 套件管理工具詢問的內容大多為基礎的專案描述資訊，除了上述專案描述資訊外，也可進一步修改檔案中的內容，加入其他資訊。package.json 常用的設置內容大致上可包含以下 3 類資訊：

- ◉ 專案描述

  專案描述基本上可包含「專案名稱」、「版號」、「作者」、「專案描述」及「關鍵字」等資訊。其對應 package.json 屬性資訊如下：

JSON

```json
{
    "name": "[專案名稱]",
    "version": "[版號]",
    "author": "[作者]",
    "description": "[專案描述]",
    "keywords": [ 關鍵字(陣列) ],
    ...
}
```

專案描述資訊並非全部都是必填的資訊，以第 6 章使用 Vue CLI 手動建立的 Vue.js SPA 專案 package.json 來說，僅有「專案名稱」及「版號」資訊，其內容如下：

JSON

```json
{
    "name": "hello-spa-manually",
    "version": "0.1.0",
    "private": true,
    ...
}
```

◉ 相依套件

相依套件在 Vue.js SPA 專案中為重要資訊，它可分為專案需求及開發需求兩類套件資訊，其分別對應到 dependencies 及 devDependencies。

JSON

```json
{
    ...
    "dependencies": {
        "專案需求套件名稱": "安裝版本"
```

```
    },
    "devDependencies": {
        "開發需求套件名稱": "安裝版本"
    },
    ...
}
```

專案內部使用的套件，依不同的使用情境，有時希望安裝最新版，有時為了求穩定，僅安裝特定版本不作更新，版號格式可擇一使用：

- 「~」+「版號」：安裝不超過小版號，例：~1.1.2（1.1.2 <= version < 1.2.0）

- 「^」+「版號」：安裝不超過大版號，例：^1.1.2（1.1.2 <= version < 2.0.0）

- 只有「版號」：指定特定版本

- 「latest」：安裝最新版本

在 Vue.js SPA 中，專案使用的套件預設僅有 core-js 及 vue，其餘套件如 babel/core、eslint 等套件，均屬於開發需求安裝的，資訊如下：

JSON

```
{
    ...
"dependencies": {
        "core-js": "^3.8.3",
        "vue": "^3.2.13"
    },
    "devDependencies": {
        "@babel/core": "^7.12.16",
        "@babel/eslint-parser": "^7.12.16",
        "@vue/cli-plugin-babel": "~5.0.0",
        "@vue/cli-plugin-eslint": "~5.0.0",
        "@vue/cli-service": "~5.0.0",
```

```
        "@vue/eslint-config-airbnb": "^6.0.0",
        "eslint": "^7.32.0",
        "eslint-plugin-import": "^2.25.3",
        "eslint-plugin-vue": "^8.0.3",
        "eslint-plugin-vuejs-accessibility": "^1.1.0",
        "sass": "^1.32.7",
        "sass-loader": "^12.0.0"
    }
}
```

◉ 指令定義

Package.json 中允許使用者建立自定義的指定代碼，定義格式如下：

JSON

```
{
    ...
    "script": {
        "指令代碼": "執行指令細節"
    }
    ...
}
```

Vue.js SPA 專案中的 package.json 預設建立 3 個指令代碼，分別為用於開發時啟用 Webpack Dev Server 的「serve」、用於發佈打包的「build」及用於檢查專案 js、css 程式碼格式的「lint」。其設定內容如下：

JSON

```
{
    ...
    "scripts": {
        "serve": "vue-cli-service serve",
        "build": "vue-cli-service build",
```

```
        "lint": "vue-cli-service lint"
    },
    ...
}
```

定義指令代碼後，開發時可透過套件管理工具以指令代碼執行已定義的執行指令細節，例如：使用 npm 執行 serve 指令如下：

```
# npm run serve
```

B-2 套件管理工具 – NPM

Node.js 安裝完成後，預設提供了 NPM（Node Package Manager）套件管理工具，供開發人員在本機開發環境中安裝及管理 JavaScript 套件。進入 JavaScript 專案資料夾時，可以執行以下指令安裝專案需要的套件：

```
# 安裝套件
npm install
```

為了因應協同開發的需求，需要統一每位開發人員在專案裡使用的套件版本。NPM 套件管理工具除了需要 package.json 檔案資訊外，也需要 package-lock.json 檔案資訊統一專案內部安裝的套件版本。執行上述指令後，NPM 套件管理工具安裝將有 2 個情境：

- 具有 package-lock.json 檔案

  專案資料夾下具有 package-lock.json 檔案時，NPM 套件管理工具將依據 package-lock.json 檔案裡記錄的 JavaScript 套件資訊，將套件安裝至 node_modules 資料夾。

- 沒有 package-lock.json 檔案

  專案資料夾下沒有 package-lock.json 檔案時，將依據 package.json 檔案中 dependencies 及 devDependencies 所記錄的套件及版號資訊安裝套件至專案根目錄下的 node_modules 資料夾，並將所安裝所有套件及其相依套件資訊產生 package-lock.json 檔案。

JavaScript 套件新增

使用 NPM 新增 JavaScript 套件指令如下：

```
# 新增套件
npm install [套件名稱]@[版本]
```

新增的 JavaScript 套件依其作用範圍可分為：

- 專案內

  以前述指令新增的 JavaScript 套件，除了安裝至專案內的 node_modules 資料夾外，安裝的套件資訊會被記錄至 package.json 檔案及 package-lock.json 檔案中。假設安裝 bootstrap 套件 4 版至專案中，執行指令如下：

```
# 新增 bootstrap 套件 4 版
npm install bootstrap@^4.0.0
```

安裝完成後，將會看見 bootstrap 套件資訊新增至 package.json 檔案，內容如下：

◉ JSON

```json
{
    ...
"dependencies": {
...
        "bootstrap": "^4.6.2",
        ...
    },
    ...
}
```

package-lock.json 檔案裡的 bootstrap 套件資訊內容如下：

◉ JSON

```json
{
    ...
"dependencies": {
...
        "bootstrap": {
            "version": "4.6.2",
            "resolved": "https://registry.npmjs.org/bootstrap/-/
                        bootstrap-4.6.2.tgz",
            "integrity": "sha512-51Bbp/Uxr9aTuy6ca/8FbFloBUJZLHwnh
                        TcnjIeRn2suQWsWzcuJhGjKDB5eppVte/
                        8oCdOL3VuwxvZDUggwGQ==",
            "requires": {}
    },
        ...
    },
    ...
}
```

Package.json 檔案中套件資訊可分為 dependencies 及 devDependencies。dependencies 記錄專案必要的套件資訊；devDependencies 記錄開發環境需要使用的套件資訊。

一般執行套件安裝指令時，套件資訊將新增至 dependencies 屬性中，若希望將之新增至 devDependencies 屬性，則須在「npm install」後面加入「--save-dev」參數。例如：安裝 webpack 套件，且須新增至 devDependencies 時，指令如下：

SHELL

```
# 新增套件至 devDependencies
npm install --save-dev webpack
```

◉ 全域環境

安裝至全域環境的 JavaScript 套件時，須在「npm install」後面加入「-g」參數。套件安裝至全域環境後，其安裝的套件可在任何目錄下使用，例如：第 6 章介紹的安裝 Vue CLI 指令如下：

SHELL

```
# 新增 Vue CLI 套件至全域環境
npm install -g @vue/cli
```

Vue CLI 套件安裝至全域環境後，可在任意資料夾中執行套件。由於安裝至全域環境的緣故，套件資訊不會被記錄至 package.json 檔案裡。

JavaScript 套件新修改

專案引用的套件，若需要更新版本至最新版時，可執行以下指令：

SHELL

```
# 更新套件版本
npm update [套件名稱]
```

假設，要更新專案中的 bootstrap 套件，可執行指令如下：

JSON

```
# 更新 bootstrap 套件版本
npm update bootstrap
```

當套件想更新的版本號碼不在原有 package.json 記錄的套件版本範圍時，須先手動修改 package.json 的套件版號後，再執行套件更新的指令。例如：前面安裝的 bootstrap 指定為 ^4.0.0 的版號，安裝時僅能更新至大版號 4 的最新版本－4.6.2，若想安裝 5 以上的版本時，須先改 package.json 檔案裡 bootstrap 的版本資訊如下：

JSON

```
{
    ...
"dependencies": {
...
        "bootstrap": "^5.0.0",
        ...
    },
    ...
}
```

更新完成後，重新查看 package-lock.json 時，bootstrap 版本已更新
至目前最新版本 5.2.1 版了，其資訊如下：

JSON

```json
{
    ...
"dependencies": {
...
        "bootstrap": {
            "version": "5.2.1",
            "resolved": "https://registry.npmjs.org/bootstrap/-/
                        bootstrap-5.2.1.tgz",
            "integrity": "sha512-UQi3v2NpVPEi1n35dmRRzBJFlgv
                        WHYwyem6yHhuT6afYF+sziEt46McRbT//
                        kVXZ7b1YUYEVGdXEH74Nx3xzGA==",
            "requires": {}
    },
        ...
    },
    ...
}
```

JavaScript 套件移除

專案引用的套件，若需要移除時，可執行以下指令：

SHELL

```shell
# 移除套件
npm uninstall [套件名稱]
```

假設，要移除專案中的 bootstrap 套件時，指令如下：

```
# 移除 bootstrap 套件
npm uninstall bootstrap
```

套件移除後，若我們再查看 package.json 或 package-lock.json 時，將會發現 bootstrap 已從清單移除。

執行定義指令

前一節提到 package.json 中可定義指令，定義的指令執行的語法如下：

```
# 執行定義指令
npm run [定義指令]
```

以前一節提到 Vue.js SPA 專案所定義的「serve」為例，執行語法如下：

```
# 執行定義指令
npm run serve
```

B-3 套件管理工具 – Yarn

JavaScript 的套件管理工具除了 NPM 之外，還可以使用 Facebook 開發的 Yarn。Yarn 與 NPM 均可讀取 package.json 檔案的資訊安裝套件，也可以新增、修改、刪除套件至專案內或全域環境，使用的流程可說是幾乎相同。NPM 與 Yarn 的使用對照表如下表所示：

表 B-1　npm 及 yarn 使用對照表

項目	NPM	YARN
Lock 檔 （鎖定專案套件版本）	Package-lock.json	Yarn.lock
安裝專案套件	Npm install	Yarn install
新增專案套件 （dependencies）	Npm install [套件名稱]	Yarn add [套件名稱]
新增專案套件 （devDependencies）	Npm install --save-dev [套件名稱]	Yarn add [套件名稱] --dev
更新專案套件版本	Npm update [套件名稱]	Yarn update [套件名稱]
刪除專案套件	Npm uninstall [套件名稱]	Yarn remove [套件名稱]
新增全域套件	Npm install -g [套件名稱]	Yarn global add [套件名稱]
新增全域套件	Npm update -g [套件名稱]	Yarn global update [套件名稱]
新增全域套件	Npm uninstall -g [套件名稱]	Yarn global remove [套件名稱]

　　Yarn 與 NPM 使用流程幾乎相同，那為何要使用 Yarn 呢？主要就一個字－「快」。NPM 在執行安裝的效能並不理想。因此，更改為「Facebook、Exponent、Google 及 Tilde」合作開發時，特別針對性能問題進行優化，且同時兼具穩定性及安全性。由於 NPM 與 Yarn 的 lock 檔不同，使用時無法混用，故筆者非常建議讀者選擇使用 Yarn 來管理專案使用的 JavaScript 套件。

Vue.js 入門到實戰：頁面開發 x 元件管理 x 多語系網站開發(適用 Vue.js 3.x/2.x)

作　　　者：Nat
企劃編輯：江佳慧
文字編輯：王雅雯
設計裝幀：張寶莉
發　行　人：廖文良

發　行　所：碁峰資訊股份有限公司
地　　　址：台北市南港區三重路 66 號 7 樓之 6
電　　　話：(02)2788-2408
傳　　　真：(02)8192-4433
網　　　站：www.gotop.com.tw
書　　　號：AEL025800
版　　　次：2023 年 06 月初版
建議售價：NT$540

國家圖書館出版品預行編目資料

Vue.js 入門到實戰：頁面開發 x 元件管理 x 多語系網站開發(適用 Vue.js 3.x/2.x) / Nat 著. -- 初版. -- 臺北市：碁峰資訊, 2023.06
　　面；　　公分
　　ISBN 978-626-324-476-4(平裝)
　　1.CST：Java Script(電腦程式語言)
312.32J36　　　　　　　　　　　　　　　　112004655

讀者服務

● 感謝您購買碁峰圖書，如果您對本書的內容或表達上有不清楚的地方或其他建議，請至碁峰網站：「聯絡我們」\「圖書問題」留下您所購買之書籍及問題。(請註明購買書籍之書號及書名，以及問題頁數，以便能儘快為您處理)
http://www.gotop.com.tw

● 售後服務僅限書籍本身內容，若是軟、硬體問題，請您直接與軟體廠商聯絡。

● 若於購買書籍後發現有破損、缺頁、裝訂錯誤之問題，請直接將書寄回更換，並註明您的姓名、連絡電話及地址，將有專人與您連絡補寄商品。